高等数学（上册）导学教程
（第 2 版）

赵恩良　主编

北京理工大学出版社
BEIJING INSTITUTE OF TECHNOLOGY PRESS

内 容 简 介

本书从多侧面概括和总结了主教材(同济大学数学系主编的《高等数学(第八版)》)的知识点,以帮助学生更好地掌握基本概念、基本理论、基本技能和基本技巧.通过典型例题教会学生正确的解题方法,提高学生分析问题和解决问题的能力.同时适当考虑提高能力题,培养学生综合运用所学知识点的能力.

图书在版编目(CIP)数据

高等数学(上册)导学教程 / 赵恩良主编. --2 版.
北京:北京理工大学出版社, 2024.6.
ISBN 978-7-5763-4146-1

Ⅰ. O13

中国国家版本馆 CIP 数据核字第 2024M9A696 号

责任编辑:孟祥雪　　文案编辑:孟祥雪
责任校对:刘亚男　　责任印制:李志强

出版发行 / 北京理工大学出版社有限责任公司
社　　址 / 北京市丰台区四合庄路 6 号
邮　　编 / 100070
电　　话 / (010)68914026(教材售后服务热线)
　　　　　　(010)68944437(课件资源服务热线)
网　　址 / http://www.bitpress.com.cn

版 印 次 / 2024 年 6 月第 2 版第 1 次印刷
印　　刷 / 河北盛世彩捷印刷有限公司
开　　本 / 787 mm×1092 mm　1/16
印　　张 / 8.5
字　　数 / 197 千字
定　　价 / 66.00 元

图书出现印装质量问题,请拨打售后服务热线,负责调换

前　言

　　《高等数学（上册）导学教程（第 2 版）》是配套同济大学数学系主编的《高等数学（第八版）》编写的，对应于每一章节的内容. 首先对知识点进行了概括性总结，并配有同步习题. 本书主要面向理工科院校的学生，可作为配套练习使用，也可供使用该教材的教师作为教学参考.

　　编写《高等数学（上册）导学教程（第 2 版）》，主要是为了满足广大工科、经济类、管理类等非数学专业的学生学习高等数学的需要. 期望本书能对提高高等数学的教学质量有所助益，帮助教师掌握高等数学的教学基本要求.

　　本书按照教材的内容概括了知识点并安排了相应的练习题，题型包括填空题、选择题、计算题和证明题. 本书以基础性习题为主，侧重基本概念、基本知识和基本技能的训练，突出教材重点、难点；同时，适当考虑了提高能力题，并针对较难题目给出了详解的二维码，学生可以通过扫码查看解题的详细过程，这对提高学生综合运用知识点解题的能力也有所帮助.

　　本书第一章由郑莉编写；第二章由赵恩良编写；第三章由顾艳丽编写；第四章由韩孺眉编写；第五章由付春菊编写；第六章由王金宝编写；第七章由畅春玲编写. 全书习题部分由朱宝艳统筹规划，内容部分由赵恩良统稿，全书由徐厚生主审.

　　本书为 2022 年辽宁省一流本科课程"高等数学 1"和"高等数学 3"（辽教办〔2022〕251 号）的部分成果.

　　由于编者水平有限，疏漏之处在所难免，恳请广大读者批评指正.

编　者

目　录

授课章节	第一章　函数与极限　1.2　数列的极限
目的要求	了解极限的概念；掌握极限的性质
重点难点	极限的概念

主要内容：

一、数列极限的定义

极限是高等数学中最基本的概念之一，用以描述变量在一定的变化过程中的终极状态.

定义 1.2.1　设 $\{x_n\}$ 为一数列，如果存在常数 a，对于任意给定的正数 ε（不论它多么小），总存在正整数 N，使得当 $n > N$ 时，不等式

$$|x_n - a| < \varepsilon$$

都成立，那么就称常数 a 是数列 $\{x_n\}$ 的极限，或者称数列 $\{x_n\}$ 收敛于 a，记为 $\lim\limits_{n \to \infty} x_n = a$ 或 $x_n \to a\,(n \to \infty)$.

如果不存在这样的常数，就称 $\{x_n\}$ 没有极限或发散，习惯上也说 $\lim\limits_{n \to \infty} x_n$ 不存在.

二、收敛数列的性质

下面四个定理都是有关收敛数列的性质.

定理 1.2.1　（极限的唯一性）如果数列 $\{x_n\}$ 收敛，那么它的极限唯一.

定理 1.2.2　（收敛数列的有界性）如果数列 $\{x_n\}$ 收敛，那么数列 $\{x_n\}$ 一定有界.

定理 1.2.3　（收敛数列的保号性）如果 $\lim\limits_{n \to \infty} x_n = a$ 且 $a > 0$（或 $a < 0$），那么存在正整数 $N > 0$，当 $n > N$ 时，都有 $x_n > 0$（或 $x_n < 0$）.

定理 1.2.4　（收敛数列与其子数列间的关系）如果数列 $\{x_n\}$ 收敛于 a，那么它的任一子数列也收敛，且极限也是 a.

本次课作业：

1. 选择题：

"数列极限 $\lim\limits_{n \to \infty} x_n$ 存在"是"数列 $\{x_n\}$ 有界"的（　　　）.

A. 充要条件

B. 充分但非必要条件

C. 必要但非充分条件

D. 既非充分也非必要条件

2. 填空题：

下列各题中，哪些数列收敛，哪些数列发散？对收敛数列，通过观察 $\{x_n\}$ 的变化趋势，写出它们的极限.

(1) $x_n = \dfrac{1}{2^n}$ ＿＿＿＿＿＿＿＿＿＿＿＿＿；

(2) $x_n = 2 + \dfrac{1}{n^2}$ ＿＿＿＿＿＿＿＿＿＿＿＿＿；

(3) $x_n = \dfrac{n-1}{n+1}$ ＿＿＿＿＿＿＿＿＿＿＿＿＿；

(4) $x_n = 2 \cdot (-1)^n$ ＿＿＿＿＿＿＿＿＿＿＿＿＿；

(5) $x_n = \dfrac{2^n - 1}{3^n}$ ＿＿＿＿＿＿＿＿＿＿＿＿＿；

(6) $x_n = n - \dfrac{1}{n}$ ＿＿＿＿＿＿＿＿＿＿＿＿＿.

授课章节	第一章　函数与极限　1.3　函数的极限；1.4　无穷大与无穷小
目的要求	理解函数极限的定义；掌握函数极限的性质；掌握无穷小和无穷大的概念及无穷小的性质
重点难点	求函数极限的方法；无穷大的定义

主要内容：

一、函数极限的定义

因为数列 $\{x_n\}$ 可看作自变量为 n 的函数：$x_n = f(n)$，$n \in \mathbf{N}^+$，所以数列 $\{x_n\}$ 的极限为 a，就是当自变量 n 取正整数而无限增大（即 $n \to \infty$）时，对应的函数值 $f(n)$ 无限接近于确定的数 a. 把数列极限概念中的函数为 $f(n)$ 而自变量的变化过程为 $n \to \infty$ 等特殊性撇开，这样可以引出函数极限的一般概念：在自变量的某个变化过程中，如果对应的函数值无限接近于某个确定的数，那么这个确定的数就叫作在这一变化过程中函数的极限. 由于极限与自变量的变化过程密切相关，因此我们对于函数极限分以下情况讨论.

1. 自变量趋于无穷大时函数的极限

定义 1.3.1　设函数 $f(x)$ 在 $|x|$ 大于某正数时有定义，如果存在常数 A，对于任意给定的正数 ε（不论它多么小），总存在正数 X，使得当 x 满足不等式 $|x| > X$ 时，对应的函数值 $f(x)$ 都满足不等式

$$|f(x) - A| < \varepsilon$$

那么常数 A 就叫作函数 $f(x)$ 当 $x \to \infty$ 时的极限，记作

$$\lim_{x \to \infty} f(x) = A \text{ 或 } f(x) \to A (x \to \infty)$$

此定义可简单地表达为

$$\lim_{x \to \infty} f(x) = A \Leftrightarrow \forall \varepsilon > 0, \exists X > 0, \text{当 } |x| > X \text{ 时，有 } |f(x) - A| < \varepsilon.$$

从几何上来说，作直线 $y = A - \varepsilon$ 和 $y = A + \varepsilon$，则总有一个正数 X 存在，使得当 $x < -X$ 或 $x > X$ 时，函数 $y = f(x)$ 的图形位于这两条直线之间，这时，直线 $y = A$ 是函数 $y = f(x)$ 图形的水平渐近线.

2. 自变量趋于有限值时函数的极限

定义 1.3.2　设函数 $f(x)$ 在点 x_0 的某去心邻域内有定义，如果存在常数 A，对于任意给定的正数 ε（无论它多么小），总存在正数 δ，使得当 x 满足不等式 $0 < |x - x_0| < \delta$ 时，对应的函数值 $f(x)$ 都满足不等式

$$|f(x) - A| < \varepsilon$$

那么常数 A 就叫作函数 $f(x)$ 当 $x \to x_0$ 时的极限，记作

$$\lim_{x \to x_0} f(x) = A \text{ 或 } f(x) \to A (x \to x_0)$$

即 $\lim_{x \to x_0} f(x) = A \Leftrightarrow \forall \varepsilon > 0, \exists \delta > 0, \text{当 } x \in \mathring{U}(x_0, \delta) \text{时，有 } |f(x) - A| < \varepsilon.$

从几何上来说，任意给定一正数 ε，作平行于 x 轴的两条直线 $y=A+\varepsilon$ 和 $y=A-\varepsilon$，介于这两条直线之间是一横条区域. 即对于给定的 ε，存在点 x_0 的 δ 邻域 $(x_0-\delta,\ x_0+\delta)$，当 x 属于该邻域时，函数 $y=f(x)$ 的图形位于横条区域内.

在此定义中，把 $0<|x-x_0|<\delta$ 改为 $x_0-\delta<x<x_0$，那么 A 就叫作函数 $f(x)$ 当 $x\rightarrow x_0$ 时的左极限，记作

$$\lim_{x\rightarrow x_0^-}f(x)=A \text{ 或 } f(x_0^-)=A$$

类似地，把 $0<|x-x_0|<\delta$ 改为 $x_0<x<x_0+\delta$，那么 A 就叫作函数 $f(x)$ 当 $x\rightarrow x_0$ 时的右极限，记作

$$\lim_{x\rightarrow x_0^+}f(x)=A \text{ 或 } f(x_0^+)=A$$

左极限与右极限统称为单侧极限.

根据定义容易证明：

$$\lim_{x\rightarrow x_0}f(x)=A \Leftrightarrow \lim_{x\rightarrow x_0^-}f(x)=\lim_{x\rightarrow x_0^+}f(x)=A \Leftrightarrow f(x_0^-)=f(x_0^+)=A$$

二、函数极限的性质

下面仅以" $\lim\limits_{x\rightarrow x_0}f(x)$ "为代表给出函数极限的三个定理.

定理 1.3.1 (函数极限的唯一性)如果 $\lim\limits_{x\rightarrow x_0}f(x)$ 存在，那么这个极限唯一.

定理 1.3.2 (函数极限的局部有界性)如果 $\lim\limits_{x\rightarrow x_0}f(x)=A$，那么存在常数 $M>0$ 和 $\delta>0$，使得当 $0<|x-x_0|<\delta$ 时，有 $|f(x)|\leqslant M$.

定理 1.3.3 (函数极限的局部保号性)如果 $\lim\limits_{x\rightarrow x_0}f(x)=A$，且 $A>0$(或 $A<0$)，那么存在常数 $\delta>0$，使得当 $0<|x-x_0|<\delta$ 时，有 $f(x)>0$(或 $f(x)<0$).

三、无穷小

定义 1.4.1 如果函数 $f(x)$ 当 $x\rightarrow x_0$ (或 $x\rightarrow\infty$)时的极限为零，那么称函数 $f(x)$ 为当 $x\rightarrow x_0$ (或 $x\rightarrow\infty$)时的无穷小. 通常用 $\alpha,\ \beta$ 等表示无穷小.

定理 1.4.1 在自变量的同一变化过程 $x\rightarrow x_0$ (或 $x\rightarrow\infty$)中，函数 $f(x)$ 具有极限 A 的充分必要条件是 $f(x)=A+\alpha$，其中 α 是无穷小.

四、无穷大

定义 1.4.2 设函数 $f(x)$ 在 x_0 的某一去心邻域内有定义(或 $|x|$ 大于某一正数时有定义)，如果对于任意给定的正数 M(不论它多么大)，总存在正数 δ(或正数 X)，只要 x 适合不等式 $0<|x-x_0|<\delta$(或 $|x|>X$)，对应的函数值 $f(x)$ 总满足不等式 $|f(x)|>M$，则称函数 $f(x)$ 为当 $x\rightarrow x_0$ (或 $x\rightarrow\infty$)时的无穷大.

定理 1.4.2 在自变量的同一变化过程中，若 $f(x)$ 为无穷大，则 $\dfrac{1}{f(x)}$ 为无穷小；若 $f(x)$ 为无穷小，且 $f(x)\neq 0$，则 $\dfrac{1}{f(x)}$ 为无穷大.

本次课作业：

1. 设 $f(x)=\begin{cases}-\dfrac{1}{x-1}, & x<0,\\ 0, & x=0,\\ x, & 0<x<1,\\ 1, & 1\leqslant x<2,\end{cases}$ 求 $f(0^-)$，$f(0^+)$，$f(1^-)$，$f(1^+)$，讨论 $\lim\limits_{x\to 0}f(x)$ 与 $\lim\limits_{x\to 1}f(x)$

是否存在.

2. 如图 1-1 所示的函数，下列陈述中哪些是对的，哪些是错的？

(1) $\lim\limits_{x\to -1^+}f(x)=1$. 　　　　　（　　）

(2) $\lim\limits_{x\to -1^-}f(x)$ 不存在. 　　（　　）

(3) $\lim\limits_{x\to 0}f(x)=0$. 　　　　　（　　）

(4) $\lim\limits_{x\to 0}f(x)=1$. 　　　　　（　　）

(5) $\lim\limits_{x\to 1^-}f(x)=1$. 　　　　（　　）

(6) $\lim\limits_{x\to 1^+}f(x)=0$. 　　　　（　　）

(7) $\lim\limits_{x\to 2^-}f(x)=0$. 　　　　（　　）

(8) $\lim\limits_{x\to 2}f(x)=0$. 　　　　　（　　）

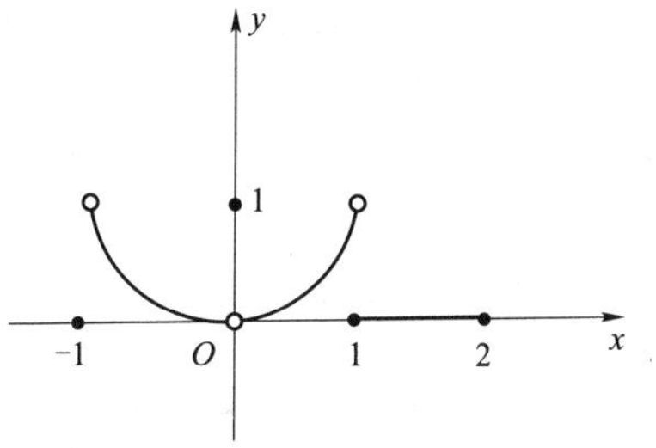

图 1-1

3. 下列变量中，变量_____是无穷小，_____是无穷大，_____既不是无穷小，也不是无穷大.

A. $x\to 0$，$\dfrac{1+2x}{x^2}$ 　　　　B. $x\to 0^+$，$\ln x$ 　　　　C. $x\to 0$，$x^3+\sin x$

D. $x\to \pi$，$x^3+\sin x$ 　　　　E. $x\to 0$，$e^{-x}-1$ 　　　　F. $x\to +\infty$，$e^{-x}-1$

4. 设 $f(x)=e^{\frac{1}{x}}$，求此函数在 $x=0$ 处的左右极限，并讨论当 $x\to 0$ 时的极限.

授课章节	第一章　函数与极限　1.5　极限运算法则
目的要求	掌握极限运算法则；会求极限
重点难点	利用极限运算法则求极限；掌握复合函数极限运算法则

主要内容：

极限运算法则

本节重点讨论函数极限的运算法则，同时会用到上节学过的无穷小的性质.

定理 1.5.1　两个无穷小的和是无穷小.

定理 1.5.2　有界函数与无穷小的乘积是无穷小.

推论 1.5.1　常数与无穷小的乘积是无穷小.

推论 1.5.2　有限个无穷小的乘积是无穷小.

定理 1.5.3　如果 $\lim f(x) = A$，$\lim g(x) = B$，那么

（1）$\lim[f(x) \pm g(x)] = \lim f(x) \pm \lim g(x) = A \pm B$；

（2）$\lim[f(x) \cdot g(x)] = \lim f(x) \cdot \lim g(x) = A \cdot B$；

（3）若又有 $B \neq 0$，则 $\lim \dfrac{f(x)}{g(x)} = \dfrac{\lim f(x)}{\lim g(x)} = \dfrac{A}{B}$.

推论 1.5.3　如果 $\lim f(x)$ 存在，而 c 为常数，则
$$\lim[cf(x)] = c\lim f(x)$$

推论 1.5.4　如果 $\lim f(x)$ 存在，而 n 是正整数，则
$$\lim[f(x)]^n = [\lim f(x)]^n$$

定理 1.5.4　设有数列 $\{x_n\}$ 和 $\{y_n\}$，如果 $\lim\limits_{n \to \infty} x_n = A$，$\lim\limits_{n \to \infty} y_n = B$，那么

（1）$\lim\limits_{n \to \infty}[x_n \pm y_n] = A \pm B$；

（2）$\lim\limits_{n \to \infty} x_n \cdot y_n = A \cdot B$；

（3）当 $y_n \neq 0 (n = 1, 2, \cdots)$ 且 $B \neq 0$ 时，$\lim\limits_{n \to \infty} \dfrac{x_n}{y_n} = \dfrac{A}{B}$.

定理 1.5.5　如果 $\varphi(x) \geqslant \psi(x)$，而 $\lim \varphi(x) = a$，$\lim \psi(x) = b$，那么 $a \geqslant b$.

定理 1.5.6　设函数 $y = f[g(x)]$ 是由函数 $u = g(x)$ 与函数 $y = f(u)$ 复合而成的，$f[g(x)]$ 在点 x_0 的某去心邻域内有定义，若 $\lim\limits_{x \to x_0} g(x) = u_0$，$\lim\limits_{u \to u_0} f(u) = A$，且存在 $\delta_0 > 0$，当 $x \in \mathring{U}(x_0, \delta_0)$ 时，有 $g(x) \neq u_0$，则 $\lim\limits_{x \to x_0} f[g(x)] = \lim\limits_{u \to u_0} f(u) = A$.

注：有理函数求极限的方法可按如下框图进行.

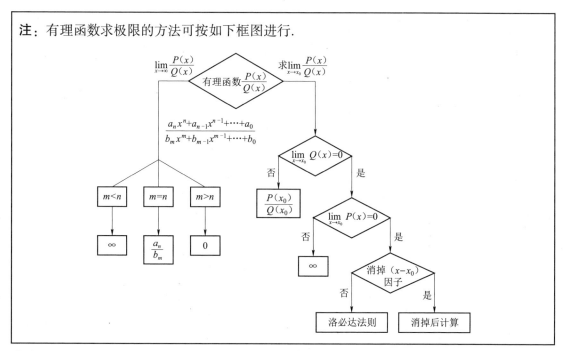

本次课作业：

1. 填空题：

（1）$\lim\limits_{n\to\infty}\dfrac{(n+1)(n+2)(n+3)}{5n^3}=$ _____ ；

（2）$\lim\limits_{x\to\infty}\dfrac{(4x+1)^{30}(9x+2)^{20}}{(6x-1)^{50}}=$ _____ .

2. 计算下列极限：

（1）$\lim\limits_{n\to\infty}\dfrac{1}{n}\left[\left(1+\dfrac{2}{n}\right)+\left(1+\dfrac{4}{n}\right)+\cdots+\left(1+\dfrac{2n}{n}\right)\right]$；

（2）$\lim\limits_{n\to\infty}\left[1+\dfrac{1}{2}+\dfrac{1}{4}+\cdots+\dfrac{1}{2^n}\right]$.

3. 计算下列极限：

（1）$\lim\limits_{x\to 1}\left(\dfrac{1}{1-x}-\dfrac{3}{1-x^3}\right)$；

（2）$\lim\limits_{x\to 1}\dfrac{x^2-4x+3}{x^4-4x^2+3}$；

（3）$\lim\limits_{x\to\infty}\dfrac{x^5-3x+6}{x^8-7x-1}$；

（4）$\lim\limits_{x\to 1}\dfrac{\sqrt{x+3}-2}{x^2+2x-3}$；

（5）$\lim\limits_{x\to+\infty}\dfrac{2^x-1}{4^x+1}$；

（6）$\lim\limits_{x\to+\infty}\left(\sqrt{x+\sqrt{x}}-\sqrt{x}\right)$.

授课章节	第一章　函数与极限　1.6　极限存在准则　两个重要极限
目的要求	掌握极限存在准则；熟练应用两个重要极限求极限
重点难点	利用重要极限求极限；利用极限存在准则求极限

主要内容：

本节主要讨论判定极限存在的两个准则以及作为应用准则的例子——两个重要极限.

一、准则 I

准则 I　如果数列 $\{x_n\}$，$\{y_n\}$ 及 $\{z_n\}$ 满足下列条件：

（1）从某项起，即 $\exists n_0 \in N$，当 $n>n_0$ 时，有 $y_n \leqslant x_n \leqslant z_n$；

（2）$\lim\limits_{n\to\infty} y_n = a$，$\lim\limits_{n\to\infty} z_n = a$.

那么数列 $\{x_n\}$ 的极限存在，且 $\lim\limits_{n\to\infty} x_n = a$.

准则 I　如果

（1）当 $x \in \overset{\circ}{U}(x_0,\ r)$（或 $|x|>M$）时，$g(x) \leqslant f(x) \leqslant h(x)$；

（2）$\lim\limits_{\substack{x\to x_0\\(x\to\infty)}} g(x) = A$，　　$\lim\limits_{\substack{x\to x_0\\(x\to\infty)}} h(x) = A$.

那么 $\lim\limits_{\substack{x\to x_0\\(x\to\infty)}} f(x)$ 存在，且等于 A.

二、准则 II

准则 II　单调有界数列必有极限.

注意：（1）收敛的数列必有界，有界的数列却未必收敛；

（2）既单调又有界的数列存在极限意味着单增有上界收敛或单减有下界收敛.

三、两个重要极限

（1）$\lim\limits_{x\to 0} \dfrac{\sin x}{x} = 1$；　　（2）$\lim\limits_{x\to\infty} \left(1+\dfrac{1}{x}\right)^x = e$.

本次课作业：

1. 计算下列各极限：

（1）$\lim\limits_{x\to 0} \dfrac{\sin x}{\sin 8x}$；

（2）$\lim\limits_{x\to 0} \dfrac{\tan 3x}{x}$；

（3）$\lim\limits_{n\to\infty} 2^n \sin\dfrac{x}{2^n}$（$x$ 为不等于零的常数）；

（4）$\lim\limits_{x\to 0}\dfrac{1-\cos 2x}{x\sin x}$.

2. 计算下列各极限：

（1）$\lim\limits_{x\to 0}(1+2x)^{\frac{1}{x}}$；

（2）$\lim\limits_{x\to\infty}\left(\dfrac{x+1}{x}\right)^{2x}$；

（3）$\lim\limits_{x\to\infty}\left(\dfrac{2x+3}{2x+1}\right)^{x+1}$；

（4）$\lim\limits_{n\to\infty}\left(1-\dfrac{1}{n}\right)^{3n}$.

3. 利用极限存在准则：

（1）证明 $\lim\limits_{n\to\infty}\left(\dfrac{n}{n^2+\pi}+\dfrac{n}{n^2+2\pi}+\cdots+\dfrac{n}{n^2+n\pi}\right)=1$；

（2）证明数列 $\sqrt{2}$，$\sqrt{2+\sqrt{2}}$，$\sqrt{2+\sqrt{2+\sqrt{2}}}$，$\cdots$ 的极限存在，并求此极限值.

授课章节	第一章　函数与极限　1.7　无穷小的比较
目的要求	掌握无穷小的比较；熟练掌握常用等价无穷小
重点难点	利用等价无穷小求极限；无穷小阶的比较

主要内容：

前面已经研究过两个无穷小的和、差及乘积仍旧是无穷小. 但是，关于两个无穷小的商，却会出现不同的情况，本节主要研究在两个无穷小之比的极限不同情况下，它们之间的关系.

一、定义

极限是高等数学中最基本的概念之一，用以描述变量在一定的变化过程中的终极状态.

定义 1.7.1　如果 $\lim \dfrac{\beta}{\alpha}=0$，就说 β 是比 α 高阶的无穷小，记作 $\beta=o(\alpha)$；

如果 $\lim \dfrac{\beta}{\alpha}=\infty$，就说 β 是比 α 低阶的无穷小.

如果 $\lim \dfrac{\beta}{\alpha}=c\neq0$，就说 β 与 α 是同阶无穷小；

如果 $\lim \dfrac{\beta}{\alpha^{k}}=c\neq0$，$k>0$，就说 β 是关于 α 的 k 阶无穷小.

如果 $\lim \dfrac{\beta}{\alpha}=1$，就说 β 与 α 是等价无穷小，记作 $\alpha\sim\beta$.

显然，等价无穷小是同阶无穷小的特殊情形.

二、等价无穷小的性质

下面两个定理都是有关收敛数列的性质：

定理 1.7.1　β 与 α 是等价无穷小的充分必要条件为

$$\beta=\alpha+o(\alpha)$$

定理 1.7.2　设 $\alpha\sim\alpha'$，$\beta\sim\beta'$，且 $\lim \dfrac{\alpha'}{\beta'}$ 存在，则 $\lim \dfrac{\alpha}{\beta}=\lim \dfrac{\alpha'}{\beta'}$.

本次课作业：

1. 当 $x\to0$ 时，将下列所给无穷小与跟其相应的结论用线连接起来：

(1) $x^{4}+2x$　　　　　　　　A. 是比 x 低阶的无穷小

(2) $1-\cos x$　　　　　　　　B. 是比 x 高阶的无穷小

(3) $\dfrac{2}{\pi}\sin\dfrac{\pi}{2}x$　　　　　　　C. 是 x 的同阶无穷小，但不等价

(4) $\dfrac{\sin x}{\sqrt{x}}$　　　　　　　　D. 是 x 的等价无穷小

2. 选择题：

当 $x \to 0$ 时，下列四个无穷小中，比其他三个更低阶的无穷小是(　　).

A. $x + x^2$　　　　　　　　　　　　　　B. $\sin^2 x$

C. $\dfrac{(x+1)\tan^3 x}{\sqrt[3]{x}}$　　　　　　　　D. $\ln(1+\sqrt{x})$

3. 求极限：

(1) $\lim\limits_{x \to 0} \dfrac{\tan x - \sin x}{\sin^3 x}$；

(2) $\lim\limits_{x \to 0} \dfrac{\sin^2 x}{1 - \cos x}$；

(3) $\lim\limits_{x \to 0} \dfrac{\sin 3x}{\tan 5x}$；

(4) $\lim\limits_{x \to 0} \dfrac{x \tan x}{\sqrt{1 - x^2} - 1}$.

授课章节	第一章 函数与极限 1.8 函数的连续性与间断点；1.9 连续函数的运算与初等函数的连续性
目的要求	掌握函数连续的定义；会判断函数间断点的分类；熟练掌握极限运算法则；会计算函数极限
重点难点	间断点类型的判别；函数连续性的判定

主要内容：

一、函数的连续性

自然界中有许多现象，如气温的变化等都是连续变化着的．这种现象在函数关系上的反映，就是函数的连续性．

对 $y=f(x)$，当自变量从 x_0 变到 x 时，称 $\Delta x=x-x_0$ 为自变量 x 的增量，而 $\Delta y=f(x)-f(x_0)$ 叫函数 y 的增量．

定义 1.8.1 设函数 $y=f(x)$ 在点 x_0 的某一邻域内有定义，如果当自变量的增量 $\Delta x=x-x_0$ 趋于零时，对应的函数的增量 $\Delta y=f(x)-f(x_0)$ 也趋于零，那么就称函数 $y=f(x)$ 在点 x_0 连续．

它的另一等价定义：设函数 $y=f(x)$ 在点 x_0 的某一邻域内有定义，如果函数 $f(x)$ 当 $x \to x_0$ 时的极限存在，且等于它在点 x_0 处的函数值 $f(x_0)$，即 $\lim\limits_{x \to x_0} f(x)=f(x_0)$，那么就称函数 $y=f(x)$ 在点 x_0 连续．

如果 $\lim\limits_{x \to x_0^-} f(x)=f(x_0^-)$ 存在且等于 $f(x_0)$，即 $f(x_0^-)=f(x_0)$，就说函数 $f(x)$ 在点 x_0 左连续．

如果 $\lim\limits_{x \to x_0^+} f(x)=f(x_0^+)$ 存在且等于 $f(x_0)$，即 $f(x_0^+)=f(x_0)$，就说函数 $f(x)$ 在点 x_0 右连续．

在区间上每一点都连续的函数，叫作在该区间上的连续函数，或者说函数在该区间上连续．如果区间包括端点，那么函数在右端点连续是指左连续，在左端点连续是指右连续．

连续函数的图形是一条连续而不间断的曲线．

二、函数的间断点

设函数 $f(x)$ 在点 x_0 的某去心邻域内有定义．在此前提下，如果函数 $f(x)$ 有下列三种情形之一：

(1) 在 $x=x_0$ 没有定义；

(2) 虽在 $x=x_0$ 有定义，但 $\lim\limits_{x \to x_0} f(x)$ 不存在；

(3) 虽在 $x=x_0$ 有定义，且 $\lim\limits_{x \to x_0} f(x)$ 存在，但 $\lim\limits_{x \to x_0} f(x) \neq f(x_0)$．

则函数 $f(x)$ 在点 x_0 为不连续，而点 x_0 称为函数 $f(x)$ 的不连续点或间断点．

一般而言，通常把间断点分成两类：如果 x_0 是函数 $f(x)$ 的间断点，但左极限 $f(x_0^-)$ 及右极限 $f(x_0^+)$ 都存在，那么 x_0 称为函数 $f(x)$ 的第一类间断点. 不是第一类间断点的任何间断点，称为第二类间断点. 在第一类间断点中，左、右极限相等者称为可去间断点，不相等者称为跳跃间断点. 无穷间断点和振荡间断点显然是第二类间断点.

三、连续函数的和、差、积、商的连续性

定理 1.9.1 设函数 $f(x)$ 和 $g(x)$ 在点 x_0 处连续，则它们的和（差）$f(x) \pm g(x)$、积 $f(x) \cdot g(x)$ 及商 $\dfrac{f(x)}{g(x)}$（当 $g(x_0) \neq 0$ 时）都在点 x_0 连续.

四、反函数与复合函数的连续性

定理 1.9.2 严格单调的连续函数必有严格单调的连续反函数.

定理 1.9.3 设函数 $y = f[g(x)]$ 由函数 $u = g(x)$ 与函数 $y = f(u)$ 复合而成，$\overset{\circ}{U}(x_0) \subset D_{f \cdot g}$，若 $\lim\limits_{x \to x_0} g(x) = u_0$，而函数 $y = f(u)$ 在 $u = u_0$ 连续，则

$$\lim_{x \to x_0} f[g(x)] = \lim_{u \to u_0} f(u) = f(u_0)$$

定理 1.9.4 设函数 $y = f[g(x)]$ 由函数 $u = g(x)$ 与函数 $y = f(u)$ 复合而成，$U(x_0) \subset D_{f \cdot g}$，若函数 $u = g(x)$ 在 $x = x_0$ 连续，且 $g(x_0) = u_0$，而函数 $y = f(u)$ 在 $u = u_0$ 连续，则复合函数 $y = f[g(x)]$ 在 $x = x_0$ 连续.

五、初等函数的连续性

定理 1.9.5 基本初等函数在它们的定义域内是连续的.

定理 1.9.6 一切初等函数在其定义区间内都是连续的.

本次课作业：

1. 填空题：

（1）设函数 $f(x) = \dfrac{e^{\frac{1}{x}} - 1}{e^{\frac{1}{x}} + 1}$，则 $f(0^-) = $ _____ ，$f(0^+) = $ _____ ，故 $x = 0$ 是函数的第 _____ 类间断点.

（2）要使函数 $f(x) = \begin{cases} \dfrac{e^{\sin 2x} - 1}{x}, & x \neq 0, \\ a, & x = 0 \end{cases}$ 在 $x = 0$ 点处连续，则 $a = $ _____ .

2. 选择题：

函数 $f(x) = \begin{cases} x + \dfrac{\sin x}{x}, & x < 0, \\ 0, & x = 0, \\ x \cos \dfrac{1}{x}, & x > 0. \end{cases}$ 则 $x = 0$ 是 $f(x)$ 的（ ）.

A. 连续点　　B. 可去间断点　　C. 跳跃间断点　　D. 振荡间断点

3. 函数在指定点处间断, 说明这些间断点属于哪一类, 如果是可去间断点, 则补充或改变函数的定义使它连续.

（1）$y = \dfrac{x^2 - 1}{x^2 - 3x + 2}$, $x = 1$, $x = 2$;

（2）$y = \begin{cases} x - 1, & x \leqslant 1, \\ 3 - x, & x > 1, \end{cases}$ $x = 1$; （3）$f(x) = \cos^2 \dfrac{1}{x}$, $x = 0$.

4. 设函数 $f(x) = \begin{cases} \dfrac{\sin 2x + \mathrm{e}^{-4x} - 1}{x}, & x \neq 0, \\ 1, & x = 0. \end{cases}$ 问：函数 $f(x)$ 在 $x = 0$ 处是否连续? 若不连续,

修改函数在 $x = 0$ 处的定义, 使之连续.

5. 填空题：

（1）函数 $f(x) = \begin{cases} e^x, & x < 0, \\ x^2 + ax + b, & x \geq 0, \end{cases}$ 在 $x = 0$ 处连续，则 $a = $ _____，

$b = $ _____.

（2）$\lim\limits_{x \to \infty} \dfrac{1}{x} \sin \dfrac{1}{x} = $ _____.

6. 计算下列各极限：

（1）$\lim\limits_{x \to +\infty} (\sqrt{x^2 + x} - \sqrt{x^2 - x})$；

（2）$\lim\limits_{x \to 1} \dfrac{\sqrt{5x-4} - \sqrt{x}}{x-1}$；

（3）$\lim\limits_{x \to 0} \ln \dfrac{\sin(2x+x^2)}{x}$；

（4）$\lim\limits_{x \to 0} (1+3\tan^2 x)^{\cot^2 x}$；

（5）$\lim\limits_{x \to 0} \dfrac{\ln(1+2x+x^3)}{x}$.

授课章节	第一章　函数与极限　1.10　闭区间上连续函数的性质
目的要求	了解闭区间上连续函数的性质——最大值、最小值定理和介值定理；掌握零点定理
重点难点	零点定理；介值定理；定理的应用

主要内容：

一、最大值和最小值定理

设 $f(x)$ 定义在区间 I 上，若 $\exists x_0 \in I$，使得对 $\forall x \in I$，有 $f(x) \leqslant f(x_0)$（或 $f(x) \geqslant f(x_0)$），则称 $f(x_0)$ 为 $f(x)$ 在区间 I 上的最大(小)值.

定理 1.10.1　在闭区间上连续的函数在该区间上有界且一定能取得它的最大值和最小值.

二、零点定理与介值定理

定理 1.10.2　(零点定理)设 $f(x)$ 在 $[a, b]$ 上连续，且 $f(a)f(b) < 0$（异号），则至少存在一点 $\xi \in (a, b)$，使得 $f(\xi) = 0$，即 ξ 是 $f(x) = 0$ 的根.

定理 1.10.3　(介值定理)设 $f(x)$ 在 $[a, b]$ 上连续，且 $f(a) = A$，$f(b) = B$，$A \neq B$，则对 A，B 之间的任一数 C，至少存在一点 $\xi \in (a, b)$，使得 $f(\xi) = C$.

推论 1.10.1　在闭区间 $[a, b]$ 上连续的函数 $f(x)$ 的值域为闭区间 $[m, M]$，其中 m，M 依次为 $f(x)$ 在 $[a, b]$ 上的最小值和最大值.

本次课作业：

1. 证明方程 $x^5 - 3x = 1$，至少有一个根介于 1 和 2 之间.

2. 证明方程 $x = 2\sin x + 3$，至少有一个正根，并且它不超过 5.

授课章节	第一章　函数与极限　习题课
目的要求	复习巩固第一章内容
重点难点	本章解题技巧和方法

主要内容：

1. 函数

（1）函数的特性：有界性，单调性，奇偶性，周期性；

（2）反函数；

（3）复合函数；

（4）初等函数.

2. 连续与间断

（1）函数连续的等价形式；

（2）函数间断点.

第一类：可去间断点；跳跃间断点.

第二类：无穷间断点；振荡间断点.

（3）闭区间上连续函数的性质：有界定理；最值定理；零点定理；介值定理.

3. 极限

求极限常用方法：

（1）利用函数的连续性求极限；

（2）利用自变量趋于无穷大时的有理分式求极限（公式三种情况）；

（3）约去零因子求极限；

（4）应用两个重要极限求极限；

（5）利用无穷小的性质求极限；

（6）极限运算法则；

（7）利用等价无穷小替换求极限；

（8）利用极限存在准则求极限.

自测题：

1. 填空题：

（1）函数 $f(x)=\sqrt{\dfrac{3-x}{x+2}}$ 的定义域为 _____ ；

（2）$f(x+1)=x^2-1$，则 $f(\sin x)=$ _____ ；

（3）设 $f(x)=\begin{cases} a+x^2, & x<0, \\ 1, & x=0, \\ \ln(b+x+x^2), & x>0, \end{cases}$ 已知 $f(x)$ 在 $x=0$ 处连续，则 $a=$ _____，

$b=$ _____ ；

（4）$\lim\limits_{x\to 0}\left(x\sin\dfrac{1}{x}-\dfrac{1}{x}\sin x\right)=$ _____ ；

(5) $\lim\limits_{x\to\infty}\dfrac{(4x^2-3)^3(3x-2)^4}{(6x^2+7)^5}=$ _____.

2. 选择题：

(1) 数列极限 $\lim\limits_{n\to\infty}\dfrac{a^n}{1+a^n}(a>0)=($).

A. ∞ B. $\dfrac{1}{2}$

C. 0   D. 其极限值与 a 的取值有关

(2) 设 $f(x)=\begin{cases}\sin x, & x<\dfrac{\pi}{2},\\[2mm] 0, & x=\dfrac{\pi}{2},\\[2mm] \dfrac{2}{\pi}x, & x>\dfrac{\pi}{2},\end{cases}$ 则 $x=\dfrac{\pi}{2}$ 是 $f(x)$ 的(   ).

A. 连续点   B. 可去间断点

C. 跳跃间断点   D. 振荡间断点

(3) 已知当 $x\to0$ 时，$(1-\cos x)\ln(1+x^2)$ 是比 $x\sin x^n$ 高阶的无穷小，而 $x\sin x^n$ 是比 $e^{x^2}-1$ 高阶的无穷小，则正整数 $n=($).

A. 1   B. 2

C. 3   D. 4

3. 计算下列各极限：

(1) $\lim\limits_{x\to1}\left(\dfrac{2x}{x+1}\right)^{\frac{2x}{x-1}}$；

自测题题 3(1)解答

(2) $\lim\limits_{x\to2}\dfrac{x^2-x-2}{\sqrt{4x+1}-3}$；

(3) $\lim\limits_{x\to0}\dfrac{e-e^{\cos x}}{x\sin x}$；

(4) $\lim\limits_{x\to0}\dfrac{3\sin x+x^2\cos\dfrac{1}{x}}{(1+\cos x)\ln(1+x)}$.

4. 若 $f(x) = \begin{cases} \dfrac{\sin 3x}{\tan ax}, & x > 0, \\ 7\mathrm{e}^x - \cos x, & x \leqslant 0, \end{cases}$ 在 $x = 0$ 处连续，求 a 的值.

5. 若 $\lim\limits_{x \to \infty} \left(\dfrac{x^2+1}{x+1} - ax - b \right) = 0$，求 a 与 b 的值.

6. 设 $f(x) = \left(\dfrac{2+\mathrm{e}^{\frac{1}{x}}}{1+\mathrm{e}^{\frac{1}{x}}} + \dfrac{\sin x}{|x|} \right)$，求 $f(0^-)$，$f(0^+)$，讨论 $\lim\limits_{x \to 0} f(x)$ 是否存在.

7. 设 $f(x) = \begin{cases} \mathrm{e}^{\frac{1}{x-1}}, & x > 0, \\ \ln(1+x), & -1 < x \leqslant 0, \end{cases}$ 求 $f(x)$ 的间断点，并说明间断点所属类型.

8. 求 $\lim\limits_{n\to\infty}\left(\dfrac{n}{n^2+1}+\dfrac{n}{n^2+2}+\cdots+\dfrac{n}{n^2+n}\right)$.

9. 设 $f(x)$ 和 $g(x)$ 在 $[a, b]$ 上连续，且 $f(a)<g(a)$，$f(b)>g(b)$，则在 (a, b) 内至少存在一点 ξ，使得 $f(\xi)=g(\xi)$.

10. 证明数列 $x_1=10$，$x_2=4$，$x_3=\sqrt{10}$，$\cdots$，$x_{n+1}=\sqrt{6+x_n}$ 的极限存在，并求此极限值.

授课章节	第二章 导数与微分 2.1 导数概念
目的要求	掌握导数定义及性质
重点难点	导数定义及性质

主要内容：

一、导数的定义

定义 2.1.1 设函数 $y=f(x)$ 在点 x_0 的某个邻域内有定义，当自变量 x 在 x_0 处取得增量 Δx（点 $x_0+\Delta x$ 仍在该邻域内）时，相应的函数 y 取得增量 $\Delta y=f(x_0+\Delta x)-f(x_0)$；如果 Δy 与 Δx 之比当 $\Delta x\to 0$ 时的极限存在，则称函数 $y=f(x)$ 在点 x_0 处可导，并称这个极限为函数 $y=f(x)$ 在点 x_0 处的导数，记为 $y'\big|_{x=x_0}$，$\dfrac{\mathrm{d}y}{\mathrm{d}x}\big|_{x=x_0}$ 或 $\dfrac{\mathrm{d}f(x)}{\mathrm{d}x}\big|_{x=x_0}$. 即

$$y'\big|_{x=x_0}=\lim_{\Delta x\to 0}\frac{\Delta y}{\Delta x}=\lim_{\Delta x\to 0}\frac{f(x_0+\Delta x)-f(x_0)}{\Delta x}$$

其他形式：

$$f'(x_0)=\lim_{h\to 0}\frac{f(x_0+h)-f(x_0)}{h},\ f'(x_0)=\lim_{x\to x_0}\frac{f(x)-f(x_0)}{x-x_0}$$

单侧导数：

（1）左导数．

$$f'_-(x_0)=\lim_{x\to x_0-0}\frac{f(x)-f(x_0)}{x-x_0}=\lim_{\Delta x\to 0^-}\frac{f(x_0+\Delta x)-f(x_0)}{\Delta x}$$

（2）右导数．

$$f'_+(x_0)=\lim_{x\to x_0+0}\frac{f(x)-f(x_0)}{x-x_0}=\lim_{\Delta x\to 0^+}\frac{f(x_0+\Delta x)-f(x_0)}{\Delta x}$$

（3）函数 $f(x)$ 在点 x_0 处可导 $\Leftrightarrow$ 左导数 $f'_-(x_0)$ 和右导数 $f'_+(x_0)$ 都存在且相等．

二、导数的几何意义

$f'(x_0)$ 表示曲线 $y=f(x)$ 在点 $M(x_0,f(x_0))$ 处的切线的斜率，即

$$f'(x_0)=\tan\alpha\ (\alpha\ 为倾角)$$

三、可导与连续的关系

可导必连续，但连续不一定可导，不连续一定不可导．

本次课作业：

1. 假设 $f'(x_0)$ 存在，则

（1）$\lim\limits_{\Delta x\to 0}\dfrac{f(x_0-\Delta x)-f(x_0)}{\Delta x}=$ ＿＿＿＿＿＿＿＿＿＿；

（2）若 $f(0)=0$，则 $\lim\limits_{x\to 0}\dfrac{f(x)}{x}=$ ＿＿＿＿＿＿＿＿＿；

（3）$\lim\limits_{x \to x_0} \dfrac{f(x) - f(x_0)}{x - x_0} = $ _____ ；

（4）$\lim\limits_{h \to 0} \dfrac{f(x_0 + h) - f(x_0 - h)}{h} = $ _____ ；

（5）$\lim\limits_{h \to 0} \dfrac{f(x_0 + 5h) - f(x_0)}{h} = $ _____ ．

2. 设 $f(x) = (x-1)(x-2)^2(x-3)^3(x-4)^4$，按定义求 $f'(1)$．

3. 讨论函数 $f(x) = |\sin x|$ 在 $x = 0$ 处的可导性．

4. 求过抛物线 $y = x^2$ 上点 $(2, 4)$ 的切线方程和法线方程．

5. 已知 $f(x)=\begin{cases} x, & x<0, \\ -x^2+ax+b, & x\geqslant0. \end{cases}$ 为使函数 $f(x)$ 在 $x=0$ 处连续且可导，a，b 应取什么值？

6. 已知 $f(x)=\begin{cases} \sin x, & x<0 \\ x, & x\geqslant0 \end{cases}$，求 $f'(x)$.

授课章节	第二章　导数与微分　2.2　函数的求导法则
目的要求	掌握导数的四则运算法则和反函数、复合函数的求导法
重点难点	求导法则

主要内容:

一、和、差、积、商的求导法则

定理 2.2.1　如果函数 $u(x)$,$v(x)$ 在点 x 处可导,则它们的和、差、积、商(分母不为零)在点 x 处也可导,并且

(1) $[u(x) \pm v(x)]' = u'(x) \pm v'(x)$;

(2) $[u(x) \cdot v(x)]' = u'(x)v(x) + u(x)v'(x)$;

(3) $\left[\dfrac{u(x)}{v(x)}\right]' = \dfrac{u'(x)v(x) - u(x)v'(x)}{v^2(x)}$ $(v(x) \neq 0)$.

二、反函数的导数

定理 2.2.2　如果函数 $x = \phi(y)$ 在某区间 I_y 内单调、可导且 $\phi'(y) \neq 0$,那么它的反函数 $y = f(x)$ 在对应区间 I_x 内也可导,且有

$$f'(x) = \frac{1}{\phi'(y)}$$

三、复合函数的求导法则

定理 2.2.3　如果函数 $u = \varphi(x)$ 在点 x_0 可导,而 $y = f(u)$ 在点 $u_0 = \varphi(x_0)$ 可导,则复合函数 $y = f[\varphi(x)]$ 在点 x_0 可导,且其导数为

$$\frac{dy}{dx}\bigg|_{x=x_0} = f'(u_0) \cdot \varphi'(x_0)$$

本次课作业:

1. 填空题:

(1) $y = \cos(4 - 3x)$,则 $y' = $ ＿＿＿＿＿＿＿＿＿＿＿＿＿;

(2) $y = \sqrt{a^2 - x^2}$,则 $y' = $ ＿＿＿＿＿＿＿＿＿＿＿＿＿;

(3) $y = \dfrac{\sin 2x}{x}$,则 $y' = $ ＿＿＿＿＿＿＿＿＿＿＿＿＿.

2. 选择题:

已知 a 是大于零的常数,$f(x) = \ln(1 + a^{-2x})$,则 $f'(0)$ 的值应是(　　　).

A. $-\ln a$　　　　　　　　　　　　B. $\ln a$

C. $\dfrac{1}{2}\ln a$

D. $\dfrac{1}{2}$

3. 求下列函数的导数：

（1）$y = 2\tan x + \sec x + \sin 1$ ；

（2）$y = 5x^3 - 2^x + 3\mathrm{e}^x$ ；

（3）$y = \dfrac{2\ln x + x^3}{x^2}$ ；

（4）$y = 3\mathrm{e}^x\cos x$.

4. 求下列函数在给定点处的导数：

（1）$y = \dfrac{3}{5-x} + \dfrac{x^2}{5}$ ，求 $y'(0)$ ；

（2）$\rho = \theta\sin\theta + \dfrac{1}{2}\cos\theta$ ，求 $\left.\dfrac{\mathrm{d}\rho}{\mathrm{d}\theta}\right|_{\theta=\frac{\pi}{4}}$.

5. 写出曲线 $y=x-\dfrac{1}{x}$ 与 x 轴交点处的切线方程和法线方程.

6. 求下列函数的导数：

（1）$y=\ln \tan \dfrac{x}{2}$;

（2）$y=e^{-\frac{x}{2}}\cos 3x$;

（3）$y=\ln(\sec x+\tan x)$;

（4）$y=\dfrac{1}{\sqrt{1-x^2}}$;

（5）$y=\arctan e^{x}$;

（6）$y=\ln[\ln(\ln x)]$;

（7）$y = 2^{\sin^2 x}$.

7. 设 $x = \ln\sqrt{1-y^2}$，求 $\dfrac{\mathrm{d}y}{\mathrm{d}x}$.

8. 在下列各题中，设 $f(u)$ 为可导函数，求 $\dfrac{\mathrm{d}y}{\mathrm{d}x}$：

（1）$y = f(\sin^2 x) + f(\cos^2 x)$；

（2）设 $y = \mathrm{e}^x \cdot \ln f\left(\sqrt{1+x^2}\right)$，其中 $f(u) > 0$.

9. 求下列函数的导数:

(1) $y = \sqrt{x + \sqrt{x}}$;

(2) $y = \ln \cos \dfrac{1}{x}$;

(3) $y = \ln(e^{x^2} + 3x + 1)$;

(4) $y = x \arcsin \dfrac{x}{2} + \sqrt{4 - x^2}$.

授课章节	第二章　导数与微分　2.3　高阶导数
目的要求	了解高阶导数的定义，掌握高阶导数的运算法则
重点难点	函数的二阶导数，函数乘积的高阶导数

主要内容：

一、高阶导数的定义

定义 2.3.1　如果函数 $f(x)$ 的导数 $f'(x)$ 在点 x 处可导，即

$$[f'(x)]' = \lim_{\Delta x \to 0} \frac{f'(x+\Delta x) - f'(x)}{\Delta x}$$

存在，则称 $[f'(x)]'$ 为函数 $f(x)$ 在点 x 处的二阶导数. 记作 $f''(x)$，y''，$\dfrac{\mathrm{d}^2 y}{\mathrm{d}x^2}$ 或 $\dfrac{\mathrm{d}^2 f(x)}{\mathrm{d}x^2}$.

二阶导数的导数称为三阶导数，记作 $f'''(x)$，y'''，$\dfrac{\mathrm{d}^3 y}{\mathrm{d}x^3}$.

三阶导数的导数称为四阶导数，记作 $f^{(4)}(x)$，$y^{(4)}$，$\dfrac{\mathrm{d}^4 y}{\mathrm{d}x^4}$.

一般情况，函数 $f(x)$ 的 $n-1$ 阶导数的导数称为函数 $f(x)$ 的 n 阶导数，记作

$$f^{(n)}(x)，\quad y^{(n)}，\quad \frac{\mathrm{d}^n y}{\mathrm{d}x^n} 或 \frac{\mathrm{d}^n f(x)}{\mathrm{d}x^n}$$

二阶和二阶以上的导数统称为高阶导数.

二、高阶导数的运算法则

设函数 u 和 v 具有 n 阶导数，则

（1）$(u \pm v)^{(n)} = u^{(n)} \pm v^{(n)}$；

（2）$(Cu)^{(n)} = Cu^{(n)}$；

（3）$(u \cdot v)^{(n)} = u^{(n)}v + nu^{(n-1)}v' + \dfrac{n(n-1)}{2!}u^{(n-2)}v'' +$

$\dfrac{n(n-1)\cdots(n-k+1)}{k!}u^{(n-k)}v^{(k)} + \cdots + uv^{(n)} = \sum\limits_{k=0}^{n} C_n^k u^{(n-k)} v^{(k)}$.

本次课作业：

1. 求下列导数：

（1）$(\cos ax)^{(n)} = $ ＿＿＿＿＿＿＿＿＿＿；

（2）$(a^x)^{(n)} = $ ＿＿＿＿＿＿＿＿＿，其中 $a>0$，$a \neq 1$；

（3）$[\ln(1+x)]^{(n)} = $ ＿＿＿＿＿＿＿＿.

2. 求下列函数的 n 阶导数:

(1) $y = \sin 2x$;

(2) $y = \dfrac{1}{1+x}$;

(3) $y = (x+3)(2x+5)^2(3x+7)^3$, 求 $y^{(6)}$.

3. $y = x^3 e^{3x}$, 求 $y^{(20)}$.

授课章节	第二章 导数与微分 2.4 隐函数及由参数方程所确定的函数的导数
目的要求	掌握隐函数求导法则、对数求导法、参数方程求导
重点难点	隐函数与参数式求导数、参数式二阶导数

主要内容:

一、隐函数的导数

定义 2.4.1 由方程 $F(x,y)=0$ 所确定的函数 $y=y(x)$ 称为隐函数.

隐函数求导法则:用复合函数求导法则直接对方程两边求导.

二、对数求导法

方法:先在方程两边取对数,然后利用隐函数的求导方法求出导数.

适用范围:多个函数相乘和幂指函数 $u(x)^{v(x)}$ 的情形.

三、由参数方程所确定的函数的导数

若用参数方程 $\begin{cases} x=\varphi(t), \\ y=\psi(t) \end{cases}$ 确定 y 与 x 间的函数关系,则称此为由参数方程所确定的函数.

$$\frac{dy}{dx}=\frac{dy}{dt}\cdot\frac{dt}{dx}=\frac{dy}{dt}\cdot\frac{1}{\frac{dx}{dt}}=\frac{\psi'(t)}{\varphi'(t)}$$

即

$$\frac{dy}{dx}=\frac{\frac{dy}{dt}}{\frac{dx}{dt}}$$

$$\frac{d^2y}{dx^2}=\frac{d}{dx}\left(\frac{dy}{dx}\right)=\frac{d}{dt}\left[\frac{\psi'(t)}{\varphi'(t)}\right]\frac{dt}{dx}=\frac{\psi''(t)\varphi'(t)-\psi'(t)\varphi''(t)}{\varphi'^2(t)}\cdot\frac{1}{\varphi'(t)}$$

本次课作业:

1. 求下列方程所确定的隐函数 y 的导数 $\frac{dy}{dx}$:

(1) $xy=e^{x+y}$; (2) $\sin(xy)+\ln(y-x)=x$;

（3）$x^y = y^x (x > 0, y > 0)$.

2. 求曲线 $x^2 + 2xy^2 + 3y^4 = 6$ 在点 $M(1, -1)$ 处的切线方程和法线方程.

3. 已知 $x - y + \dfrac{1}{2}\sin y = 0$，求 $\dfrac{d^2 y}{dx^2}$.

4. 设函数 $y = y(x)$ 由方程 $e^y + xy = e$ 所确定，求 $y''(0)$.

5. 用对数求导法求下列函数的导数:

（1）$y=(\ln x)^x$;

（2）$y=\sqrt{\dfrac{x\,(x-1)^2}{(x^2+1)^3}}$.

6. 求下列参数方程所确定的函数的导数$\dfrac{\mathrm{d}y}{\mathrm{d}x}$:

（1）$\begin{cases} x=\mathrm{e}^t\cos t,\\ y=\mathrm{e}^t\sin t; \end{cases}\left(t\neq k\pi+\dfrac{\pi}{4}\right)$

（2）$\begin{cases} x=t\mathrm{e}^t,\\ \mathrm{e}^t+\mathrm{e}^y=2. \end{cases}$

7. 求下列参数方程所确定的函数的二阶导数 $\dfrac{\mathrm{d}^2 y}{\mathrm{d}x^2}$：

（1）$\begin{cases} x = 1 - t^2, \\ y = t - t^3; \end{cases}$

（2）$\begin{cases} x = \ln(1 + t^2), \\ y = t - \arctan t; \end{cases}$

（3）$\begin{cases} x = f'(t), \\ y = tf'(t) - f(t); \end{cases}$ 设 $f''(t)$ 存在且不为零.

8. 设曲线方程为 $\begin{cases} x = \sin t, \\ y = \cos 2t, \end{cases}$ 求此曲线在点 $t = \dfrac{\pi}{4}$ 处的切线方程和法线方程.

授课章节	第二章　导数与微分　2.5　函数的微分
目的要求	了解微分的定义、可微的条件、几何意义；掌握微分的求法及微分形式的不变性；理解导数与微分的联系与区别
重点难点	函数求微分方法、微分的定义及运算法则

主要内容：

一、隐函数的导数

定义 2.5.1　设函数 $y=f(x)$ 在某区间内有定义，x_0 及 $x_0+\Delta x$ 在这区间内，如果 $\Delta y=f(x_0+\Delta x)-f(x_0)=A\cdot\Delta x+o(\Delta x)$ 成立（其中 A 是与 Δx 无关的常数），则称函数 $y=f(x)$ 在点 x_0 可微，并且称 $A\cdot\Delta x$ 为函数 $y=f(x)$ 在点 x_0 相应于自变量增量 Δx 的微分，记作 $\mathrm{d}y\big|_{x=x_0}$ 或 $\mathrm{d}f(x_0)$，即 $\mathrm{d}y\big|_{x=x_0}=A\cdot\Delta x$.

二、可微的条件

定理 2.5.1　函数 $f(x)$ 在点 x_0 可微的充要条件是函数 $f(x)$ 在点 x_0 处可导，且 $A=f'(x_0)$.

三、微分的几何意义

在几何上，微分表示在曲线上一点切线纵坐标的改变量.

四、微分的求法

$$\mathrm{d}y=f'(x)\mathrm{d}x$$

本次课作业：

1. 将适当的函数填入下列括号，使等式成立：

（1）$\mathrm{d}($　　　　　　　$)=2\mathrm{d}x$；

（2）$\mathrm{d}($　　　　　　　$)=\cos t\mathrm{d}t$；

（3）$\mathrm{d}($　　　　　　　$)=\dfrac{1}{1+x}\mathrm{d}x$；

（4）$\mathrm{d}($　　　　　　　$)=\mathrm{e}^{3x}\mathrm{d}x$；

（5）$\mathrm{d}($　　　　　　　$)=\sec^2 3x\mathrm{d}x$.

2. 设 $y=\ln \pi x$，$x>0$，则 $\mathrm{d}y=($　　　$)$.

A. $\dfrac{1}{\pi x}\mathrm{d}x$　　　　　　　　　　B. $\dfrac{1}{x}\mathrm{d}x$

C. $\dfrac{\pi}{x}\mathrm{d}x$　　　　　　　　　　D. $\left(\dfrac{1}{\pi}+\dfrac{1}{x}\right)\mathrm{d}x$

3. 求下列函数在指定点处的微分：

（1）$y = \ln \cos \dfrac{1}{x}$，$x = \dfrac{4}{\pi}$；

（2）$y = 1 - x\mathrm{e}^y$，$x = 0$.

4. 求下列复合函数的微分：

（1）$y = \cos(2^x)$；

（2）$y = \mathrm{e}^{-x}\cos(3-x)$.

5. 设 $\mathrm{e}^{xy} + y \ln x = \cos 2x$，利用一阶微分形式不变性，求 y'.

授课章节	第二章 导数与微分 习题课
目的要求	理解导数和微分的概念、几何意义；掌握导数的四则运算法则和复合函数的求导法；会求隐函数、参数方程和反函数的导数
重点难点	导数与微分的定义及其运算法则、复合函数，隐函数，参数方程求导

主要内容：

一、求导方法

（1）利用导数定义求导数；

（2）利用求导公式和求导法则求导数；

（3）反函数求导数；

（4）复合函数求导数；

（5）隐函数求导数；

（6）参数方程求导数.

二、求微分

（1）利用微分公式和微分法则求微分；

（2）利用微分形式不变性求微分.

自测题：

1. 填空题：

（1）已知 $y = \tan^2(1+2x^2)$，则 $\mathrm{d}y = $ ＿＿＿＿＿＿＿＿＿＿＿ $\mathrm{d}(1+2x^2)$；

（2）设 $|x| < \dfrac{\pi}{2}$，则 $\mathrm{d}(\sin\sqrt{\cos x}) = $ ＿＿＿＿＿＿＿＿＿＿＿ $\mathrm{d}\cos x$.

2. 设曲线方程为 $x^3 + y^3 + (x+1)\cos \pi y + 9 = 0$，试求此曲线在横坐标 $x = -1$ 处的切线方程及法线方程.

3. 求下列函数的导数：

（1）设 $f(x)=\ln\tan\dfrac{x}{2}-\cos x\cdot\ln\tan x$，求 $f'(x)$；

（2）设 $f(x)=3^x+x^3+\mathrm{e}^x\sin x$，其中 $x>0$，求 $f'(x)$.

4. 设 $y=(1+x^2)\arctan x$，求 $y'(0)$，$y''(0)$.

5. 设 $e^{x+y} - xy = 1$，求 $\dfrac{dy}{dx}$.

6. 求由参数方程 $\begin{cases} x = \ln\sqrt{1+t^2} \\ y = \arctan\ t \end{cases}$，所确定的函数的一阶导数 $\dfrac{dy}{dx}$ 及二阶导数 $\dfrac{d^2y}{dx^2}$.

7. 求函数 $f(x) = \begin{cases} -\sin\ x, & x \geqslant 0, \\ e^{-x} - 1, & x < 0 \end{cases}$ 的导数.

8. 试讨论 $f(x) = \begin{cases} \ln(1+x), & x \geq 0, \\ e^{\sin x}, & x < 0 \end{cases}$ 的可导性，并在可导处求出 $f'(x)$.

9. $f'(a)$ 存在，求 $\lim\limits_{x \to a} \dfrac{xf(a) - af(x)}{x - a}$.

授课章节	第三章 微分中值定理与导数的应用 3.1 微分中值定理
目的要求	掌握罗尔定理；掌握拉格朗日中值定理；了解柯西中值定理
重点难点	三个中值定理之间的关系、应用及其几何解释；应用中值定理证明时辅助函数的构造

主要内容：

一、罗尔定理

如果函数 $f(x)$ 在闭区间 $[a, b]$ 上连续，在开区间 (a, b) 内可导，且在区间端点的函数值相等，即 $f(a)=f(b)$，那么在 (a, b) 内至少有一点 $\xi(a<\xi<b)$，使得函数 $f(x)$ 在该点的导数等于零，即 $f'(\xi)=0$.

二、拉格朗日中值定理

如果函数 $f(x)$ 在闭区间 $[a, b]$ 上连续，在开区间 (a, b) 内可导，那么在 (a, b) 内至少有一点 $\xi(a<\xi<b)$，使等式 $f(b)-f(a)=f'(\xi)(b-a)$ 成立.

推论 如果函数 $f(x)$ 在区间 I 上的导数恒为零，那么 $f(x)$ 在区间 I 上是一个常数.

三、柯西中值定理

如果函数 $f(x)$ 及 $F(x)$ 在闭区间 $[a, b]$ 上连续，在开区间 (a, b) 内可导，且 $F'(x)$ 在 (a, b) 内每一点处均不为零，那么在 (a, b) 内至少有一点 $\xi(a<\xi<b)$，使等式 $\dfrac{f(a)-f(b)}{F(a)-F(b)}=\dfrac{f'(\xi)}{F'(\xi)}$ 成立.

本次课作业：

1. 填空题：

函数 $f(x)=1-\sqrt[3]{x^2}$ 在 $[-1, 1]$ 上不具有罗尔定理的结论，其原因是 $f(x)$ 不满足罗尔定理的一个条件：_____.

2. 选择题：

设 $y=x^3$ 在闭区间 $[0, 1]$ 上满足拉格朗日中值定理条件，则定理中的 $\xi=($).

A. $-\sqrt{3}$ 　　B. $\sqrt{3}$ 　　C. $-\dfrac{\sqrt{3}}{3}$ 　　D. $\dfrac{\sqrt{3}}{3}$

3. 设 $f(x)$ 在 $[0, a]$ 上连续，在 $(0, a)$ 内可导，且 $f(a)=0$，证明：存在一点 $\xi \in (0, a)$，使 $f(\xi)+\xi f'(\xi)=0$.

4. 若方程 $a_0x^n + a_1x^{n-1} + \cdots + a_{n-1}x = 0$ 有一个正根 $x = x_0$, 证明方程 $a_0nx^{n-1} + a_1(n-1)x^{n-2} + \cdots + a_{n-1} = 0$ 必有一个小于 x_0 的正根.

5. 证明: 恒等式 $\arcsin x + \arccos x = \dfrac{\pi}{2} (-1 \leqslant x \leqslant 1)$.

6. 如果 $0 < \alpha < \beta < \dfrac{\pi}{2}$, 试证不等式 $\dfrac{\beta - \alpha}{\cos^2 \alpha} < \tan \beta - \tan \alpha < \dfrac{\beta - \alpha}{\cos^2 \beta}$.

7. 设 $0 < a < b$, 证明: $\dfrac{b-a}{b} < \ln b - \ln a < \dfrac{b-a}{a}$.

授课章节	第三章　微分中值定理与导数的应用　3.2　洛必达法则
目的要求	掌握洛必达法则
重点难点	利用洛必达法则求未定式的极限；洛必达法则与其他求极限方法结合使用求极限

主要内容：

定理　如果

（1）$\lim\limits_{x \to a} f(x) = 0$，$\lim\limits_{x \to a} F(x) = 0$；

（2）在点 a 的某去心邻域内，$f'(x)$ 和 $F'(x)$ 都存在且 $F'(x) \neq 0$；

（3）$\lim\limits_{x \to a} \dfrac{f'(x)}{F'(x)}$ 存在（或为无穷大）.

那么 $\lim\limits_{x \to a} \dfrac{f(x)}{F(x)} = \lim\limits_{x \to a} \dfrac{f'(x)}{F'(x)}$.

注意：（1）在定理中，将 $x \to a$ 改为 $x \to a^+$，$x \to a^-$，$x \to -\infty$，$x \to +\infty$ 或 $x \to \infty$，洛必达法则仍然成立；

（2）将定理条件（1）改为 $\lim\limits_{\substack{x \to a \\ (x \to \infty)}} f(x) = \lim\limits_{\substack{x \to a \\ (x \to \infty)}} F(x) = \infty$，结论仍然成立，因此洛必达法则既适用于 $\dfrac{0}{0}$ 型未定式，又适用于 $\dfrac{\infty}{\infty}$ 型未定式.

本次课作业：

1. $\lim\limits_{x \to 0} \dfrac{e^{2x} - e^{-x} - 3x}{1 - \cos x}$；

2. $\lim\limits_{x \to 0} \dfrac{\ln \cos x}{x^2}$；

3. $\lim\limits_{x \to +\infty} \dfrac{x^2}{x + e^x}$；

4. $\lim\limits_{x \to 0} \dfrac{\arctan \dfrac{1}{x^2} - \dfrac{\pi}{2}}{x^2}$；

5. $\lim\limits_{x \to 0^+} \sin x \ln x$;

6. $\lim\limits_{x \to 0} \left[\dfrac{3}{x} - \dfrac{\ln (1 + 3x)}{x^2} \right]$;

7. $\lim\limits_{x \to 1} x^{\frac{1}{1-x}}$;

8. $\lim\limits_{x \to 0^+} (\sin^2 x)^{\frac{1}{\ln x}}$;

9. $\lim\limits_{x \to +\infty} x^{\frac{1}{\ln (x^3+1)}}$;

10. $\lim\limits_{x \to 0} \dfrac{x^2 \sin \dfrac{1}{x}}{\sin x}$.

授课章节	第三章　微分中值定理与导数的应用　3.3　泰勒公式
目的要求	掌握泰勒公式、麦克劳林公式；理解泰勒中值定理与拉格朗日中值定理的联系；掌握函数的展开；了解利用泰勒公式求极限
重点难点	泰勒公式、麦克劳林公式的应用及求函数的 n 阶泰勒公式、麦克劳林公式

主要内容：

泰勒中值定理　　如果函数 $f(x)$ 在点 x_0 的某个开区间 (a, b) 内具有直到 $(n+1)$ 阶导数，那么对任意 $x \in (a, b)$，都有

$$f(x)=f(x_0)+f'(x_0)(x-x_0)+\frac{f''(x_0)}{2!}(x-x_0)^2+\cdots+\frac{f^{(n)}(x_0)}{n!}(x-x_0)^n+R_n(x)$$

其中，$R_n(x)=\dfrac{f^{(n+1)}(\xi)}{(n+1)!}(x-x_0)^{n+1}$（$\xi$ 在 x_0 与 x 之间）.

上式称为函数 $f(x)$ 按 $(x-x_0)$ 的幂展开到 n 阶的泰勒公式，而 $R_n(x)$ 的表达式称为拉格朗日型余项.

注意：（1）当 $n=0$ 时，泰勒公式变成拉格朗日中值公式；

（2）取 $x_0=0$，ξ 在 0 与 x 之间，令 $\xi=\theta x(0<\theta<1)$，余项为 $R_n(x)=\dfrac{f^{(n+1)}(\theta x)}{(n+1)!}x^{n+1}$，则得麦克劳林公式

$$f(x)=f(0)+f'(0)x+\frac{f''(0)}{2!}x^2+\cdots+\frac{f^{(n)}(0)}{n!}x^n+\frac{f^{(n+1)}(\theta x)}{(n+1)!}x^{n+1}\quad(0<\theta<1)$$

或 $f(x)=f(0)+f'(0)x+\dfrac{f''(0)}{2!}x^2+\cdots+\dfrac{f^{(n)}(0)}{n!}x^n+o(x^n)$，其中 $o(x)$ 为配亚诺型余项.

本次课作业：

1. 求 $f(x)=\sin 2x$ 带佩亚诺型余项的 3 阶麦克劳林展开式.

2. $\lim\limits_{x\to0}\dfrac{\cos x-e^{-\frac{x^2}{2}}}{x^4}$.

授课章节	第三章 微分中值定理与导数的应用 3.4 函数的单调性与曲线的凹凸性
目的要求	掌握函数单调性、曲线凹凸性的判别法；掌握如何利用函数的单调性确定方程实根的个数、证明不等式；掌握曲线的拐点及其求法
重点难点	函数单调性、凹凸性的判别法；利用函数单调性证明不等式、确定方程根的个数、求曲线拐点

主要内容：

一、函数的单调性

定理 3.4.1 设函数 $y=f(x)$ 在 $[a, b]$ 上连续，在 (a, b) 内可导.

(1) 如果在 (a, b) 内 $f'(x)>0$，那么 $y=f(x)$ 在 $[a, b]$ 上是单调增加的；

(2) 如果在 (a, b) 内 $f'(x)<0$，那么 $y=f(x)$ 在 $[a, b]$ 上是单调减少的.

二、曲线的凹凸与拐点

定义 曲线上凹弧与凸弧的交点称为拐点.

定义 设函数 $f(x)$ 在闭区间 $[a, b]$ 上连续，若对于 (a, b) 内任意两点 x_1，x_2，恒有 $f\left(\dfrac{x_1+x_2}{2}\right)>\dfrac{f(x_1)+f(x_2)}{2}$，则称 $f(x)$ 在 $[a, b]$ 上的图形是凸的(或凸弧)；如果恒有 $f\left(\dfrac{x_1+x_2}{2}\right)<\dfrac{f(x_1)+f(x_2)}{2}$，则称 $f(x)$ 在 $[a, b]$ 上的图形是凹的(或凹弧).

定理 3.4.2 设函数 $f(x)$ 在 $[a, b]$ 上连续，在 (a, b) 内具有一阶和二阶导数，则

(1) 如果在 (a, b) 内 $f''(x)<0$，那么 $f(x)$ 在 $[a, b]$ 上的图形是凸的；

(2) 如果在 (a, b) 内 $f''(x)>0$，那么 $f(x)$ 在 $[a, b]$ 上的图形是凹的.

本次课作业：

1. 填空题：

(1) $y=\arctan x-x$ 在区间_____单调_____.

(2) $y=2x^3-9x^2+12x-3$ 的单调增加区间为_____，单调减少区间为_____.

(3) 曲线 $y=x^4+x^2-6x$ 在区间_____上为凹的.

(4) 曲线 $y=x^3+3x^2-12x+14$ 的凸区间为_____，凹区间为_____，拐点为_____.

2. 证明下列不等式：

(1) 当 $x>0$ 时，$1+\dfrac{1}{2}x>\sqrt{1+x}$；

（2）当 $x > 0$ 时，$1 + x\ln(x + \sqrt{1 + x^2}) > \sqrt{1 + x^2}$；

（3）当 $0 < x < \dfrac{\pi}{2}$ 时，$\sin x > x - \dfrac{x^2}{2}$.

本次课作业题 1（3）解答

3. 利用函数图形的凹凸性，证明下列不等式：

（1）$\dfrac{1}{2}(x^n + y^n) > \left(\dfrac{x+y}{2}\right)^n$（$x > 0$，$y > 0$，$x \neq y$，$n > 1$）；

（2）$x\ln x + y\ln y > (x+y)\ln\dfrac{x+y}{2}$（$x > 0$，$y > 0$，$x \neq y$）.

授课章节	第三章　微分中值定理与导数的应用　3.5　函数的极值与最大值最小值
目的要求	掌握极值的定义、函数极值和最值的求法；了解最值与极值的区别；掌握实际问题求最值的步骤
重点难点	极值、最值的概念及求法；极值点和最值点的确定以及实际问题求最值

主要内容：

一、函数的极值及其求法

定义　设函数 $y=f(x)$ 在 x_0 的某邻域 $U(x_0)$ 内有定义，如果对于去心邻域 $\mathring{U}(x_0)$ 内的任一点 x 有 $f(x)<f(x_0)$（或 $f(x)>f(x_0)$），那么就称函数在点 x_0 有极大值 $f(x_0)$（或极小值 $f(x_0)$），x_0 称为极大值点（或极小值点）．

定理 3.5.1　（必要条件）设函数 $f(x)$ 在 x_0 处可导，且在 x_0 处取得极小值，那么 $f'(x_0)=0$．

定理 3.5.2　（第一充分条件）设函数 $f(x)$ 在点 x_0 处连续，且在点 x_0 的某去心邻域 $\mathring{U}(x_0,\delta)$ 内可导．

（1）若 $x\in(x_0-\delta,x_0)$ 时，$f'(x_0)>0$，而 $x\in(x_0,x_0+\delta)$ 时，$f'(x_0)<0$，那么 $f(x)$ 在点 x_0 处取得极大值；

（2）若 $x\in(x_0-\delta,x_0)$ 时，$f'(x_0)<0$，而 $x\in(x_0,x_0+\delta)$ 时，$f'(x_0)>0$，那么 $f(x)$ 在点 x_0 处取得极小值．

定理 3.5.3　（第二充分条件）设 $f'(x_0)=0$，$f''(x_0)\neq0$，那么，

（1）当 $f''(x_0)<0$ 时，函数 $f(x)$ 在 x_0 处取得极大值；

（2）当 $f''(x_0)>0$ 时，函数 $f(x)$ 在 x_0 处取得极小值．

二、最值问题

步骤：

（1）求驻点和不可导点；

（2）求区间端点及驻点和不可导点的函数值并比较大小，哪个大哪个就是最大值，哪个小哪个就是最小值．

注意：如果区间内只有一个极值，则这个极值就是最值．（最大值或最小值）

本次课作业：

1. 填空题：

（1）函数的极值点只可能是两种，一种是＿＿＿＿＿＿＿＿＿＿＿＿；另一种是＿＿＿＿＿＿＿．

（2）若 $f(x)=\sqrt[3]{(x-1)^2}$，则 $f'(1)$ ＿＿＿＿＿＿＿＿＿＿，$f(x)$ 的极小值为＿＿＿＿＿＿＿＿＿＿．

（3）函数 $f(x)=x^2+x$ 在 $[1,2]$ 上的最大值为＿＿＿＿＿＿＿＿，最小值为＿＿＿＿＿＿＿＿．

2. 选择题：

(1) 设 $f(x)$ 有连续导数，图中画出了 $y=f'(x)$ 的图形，则下列结论中正确的是(　　).

A. $f(x)$ 在点 x_1 取极大值，在点 x_3 取极小值

B. $f(x)$ 在点 x_3 取极大值，在点 x_1 取极小值

C. $f(x)$ 在点 x_2 取极大值，在点 x_4 取极小值

D. $f(x)$ 在点 x_4 取极大值，在点 x_2 取极小值

(2) 设 $\lim\limits_{x \to a} \dfrac{f(x)-f(a)}{(x-a)^2} = -1$，则在点 a 处(　　).

A. $f(x)$ 的导数存在，且 $f'(a) \neq 0$　　　B. $f(x)$ 取得极大值

C. $f(x)$ 取得极小值　　　　　　　　　　D. $f(x)$ 的导数不存在

(3) 设 $f(x)$ 在 $x=0$ 的某邻域内连续，且 $f(0)=0$，$\lim\limits_{x \to 0} \dfrac{f(x)}{1-\cos x} = 2$，则点 $x=0$(　　).

A. 是 $f(x)$ 的极大值点　　　　　　　　B. 是 $f(x)$ 的极小值点

C. 不是 $f(x)$ 的驻点　　　　　　　　　D. 是 $f(x)$ 的驻点但不是极值点

3. 求下列函数的极值：

(1) $y = x^3 - 3x^2 - 9x$；

(2) $y = (x-1)x^{\frac{2}{3}}$.

4. 利用最值证明不等式:

(1) 当 $x>0$ 时, $x\ln x \geqslant x-1$;

(2) 对于任意 x, $xe^{1-x} \leqslant 1$.

5. 要做一个圆锥形漏斗, 其母线长 20 cm, 要使其体积最大, 问: 其高应为多少?

授课章节	第三章 微分中值定理与导数的应用 习题课
目的要求	复习巩固第三章内容
重点难点	本章解题技巧和方法

主要内容：

一、微分中值定理相互关系

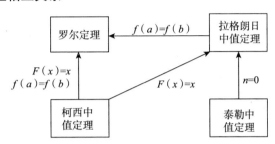

二、洛必达法则

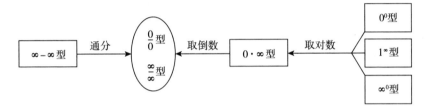

三、函数的单调性及曲线的凹凸性

详见第 4 节主要内容.

四、证明不等式的方法

（1）利用拉格朗日中值定理证明不等式；

（2）利用函数的单调性证明不等式；

（3）利用最值证明不等式；

（4）利用曲线凹凸的定义证明不等式；

（5）利用泰勒公式证明不等式.

自测题：

1. 填空题：

（1）已知函数 $y=4x^3-5x^2+x-2$ 在区间 $[0, 1]$ 上满足拉格朗日中值定理条件，则 $\xi=$ _____ .

（2）函数 $y=2x^3-3x^2$ 在区间 $[-1, 4]$ 上的最大值为 _____，最小值为 _____ .

（3）函数 $y=ax^3+bx^2$ 的曲线在 $(1, 3)$ 处有拐点，则 $a=$ _____；$b=$ _____ .

2. 选择题:

(1) 使函数 $f(x) = \sqrt[3]{x^2(1-x^2)}$ 适合罗尔定理条件的区间是( ).

A. $[0, 1]$ 　　　　　　　　　　B. $[-1, 1]$

C. $[-2, 2]$ 　　　　　　　　　D. $\left[-\dfrac{3}{5}, \dfrac{4}{5}\right]$

(2) 设 $f(x) = -f(-x)(-\infty < x < +\infty)$,且在 $(-\infty, 0)$ 内 $f'(x) > 0$,$f''(x) < 0$,则在 $(0, +\infty)$ 内( ).

A. $f'(x) > 0$,$f''(x) < 0$ 　　　　B. $f'(x) > 0$,$f''(x) > 0$

C. $f'(x) < 0$,$f''(x) < 0$ 　　　　D. $f'(x) < 0$,$f''(x) > 0$

(3) 曲线 $y = \dfrac{x^2+x}{(x-2)(x+3)}$ 渐近线的条数为( ).

A. 1 　　　　　B. 2 　　　　　C. 3 　　　　　D. 4

3. 设 $f(x)$ 在 $[0, 1]$ 上连续,在 $(0, 1)$ 内可导,且 $f(0) = f(1) = 0$,证明方程 $(x^2+1)f'(x) - 2xf(x) = 0$ 在 $(0, 1)$ 内至少有一实根.

4. 设函数 $f(x)$ 在 $[a, b]$ 上连续,在 (a, b) 内可导,证明至少存在一点 $\xi \in (a, b)$,使得 $\dfrac{bf(b) - af(a)}{b-a} = f(\xi) + \xi \cdot f'(\xi)$.

5. 利用洛必达法则求下列极限:

(1) $\lim\limits_{x \to 0} \dfrac{(e^x - 1 - x)^2}{\sin^4 x}$;

(2) $\lim\limits_{x \to \frac{\pi}{2}} \dfrac{\tan x}{\tan 3x}$;

（3）$\lim\limits_{x\to\infty}\left(\cos\dfrac{1}{x}\right)^{x^2}$；

（4）$\lim\limits_{x\to0^+}\left(\dfrac{1}{x}\right)^{\tan x}$；

（5）$\lim\limits_{x\to0^+}x^{\frac{1}{\ln x}}$；

（6）$\lim\limits_{x\to0}\left(\dfrac{1}{x}-\dfrac{1}{e^x-1}\right)$．

6. 证明：当 $x>0$ 时，$\ln(1+x)<\dfrac{x}{\sqrt{1+x}}$．

自测题题6解答

7. 要造一圆柱形油罐，体积为 V，问：底半径 r 和高 h 等于多少时，才能使表面积最小？

授课章节	第四章　不定积分　4.1　不定积分的概念与性质
目的要求	了解原函数与不定积分的概念、基本积分表；了解求微分与求积分的互逆关系；掌握不定积分的性质
重点难点	不定积分的概念和性质

主要内容：

一、原函数与不定积分的概念

定义 4.1.1　如果在区间 I 内，可导函数 $F(x)$ 的导函数为 $f(x)$，即 $\forall x \in I$，都有 $F'(x) = f(x)$ 或 $\mathrm{d}F(x) = f(x)\mathrm{d}x$，那么函数 $F(x)$ 就称为 $f(x)$ 或 $f(x)\mathrm{d}x$ 在区间 I 内的一个原函数.

原函数存在定理：如果函数 $f(x)$ 在区间 I 内连续，那么在区间 I 内存在可导函数 $F(x)$，使 $\forall x \in I$，都有 $F'(x) = f(x)$.

简言之：连续函数一定有原函数.

不定积分的定义：

定义 4.1.2　在区间 I 内，函数 $f(x)$ 的带有任意常数项的原函数称为 $f(x)$ 在区间 I 内的不定积分，记为 $\int f(x)\mathrm{d}x$. 其中，$\int$ 称为积分号；$f(x)$ 称为被积函数；$f(x)\mathrm{d}x$ 称为被积表达式；x 称为积分变量.

二、基本积分表

(1) $\int k\mathrm{d}x = kx + C$　（k 是常数）；

(2) $\int x^{\mu}\mathrm{d}x = \dfrac{x^{\mu+1}}{\mu+1} + C$　（$\mu \neq -1$）；

(3) $\int \dfrac{\mathrm{d}x}{x} = \ln|x| + C$；

(4) $\int \dfrac{1}{1+x^2}\mathrm{d}x = \arctan x + C$；

(5) $\int \dfrac{1}{\sqrt{1-x^2}}\mathrm{d}x = \arcsin x + C$；

(6) $\int \cos x\mathrm{d}x = \sin x + C$；

(7) $\int \sin x\mathrm{d}x = -\cos x + C$；

(8) $\int \dfrac{\mathrm{d}x}{\cos^2 x} = \int \sec^2 x\mathrm{d}x = \tan x + C$；

(9) $\int \dfrac{\mathrm{d}x}{\sin^2 x} = \int \csc^2 x\mathrm{d}x = -\cot x + C$；

(10) $\int \sec x\tan x\mathrm{d}x = \sec x + C$；

(11) $\int \csc x\cot x\mathrm{d}x = -\csc x + C$；

(12) $\int \mathrm{e}^x\mathrm{d}x = \mathrm{e}^x + C$；

(13) $\int a^x\mathrm{d}x = \dfrac{a^x}{\ln a} + C$.

三、不定积分的性质

(1) $\int [f(x) \pm g(x)]\mathrm{d}x = \int f(x)\mathrm{d}x \pm \int g(x)\mathrm{d}x$（此性质可推广到有限多个函数之和的情况）；

(2) $\int kf(x)\mathrm{d}x = k\int f(x)\mathrm{d}x$（$k$ 是常数，$k \neq 0$）.

本次课作业：

1. 填空题：

（1）已知 $\int f(x)\,dx = x^2 e^{2x} + C$（$C$ 为任意实数），则 $f(x) =$ _____.

（2）已知 $f'(x) = 1 - x^2$，则 $f(x) =$ _____.

（3）设 $f(x)$ 的原函数是 $\dfrac{1}{x}$，则 $f'(x) =$ _____.

（4）在积分曲线族 $y = \int 4x\,dx$ 中，与直线 $y = 2x+1$ 相切的曲线经过切点_____，其方程为_____.

（5）设 $\int f(x)\,dx = \varphi(x) + C$，$\varphi(x)$ 有直到二阶的导数，则 $\int f'(x)\,dx =$ _____.

2. 判断下列式子的对错：

（1）$\int f'(x)\,dx = f(x)$. 　　　　　　　　　　（　　）

（2）$\int k f(x)\,dx = k \int f(x)\,dx$. 　　　　　　（　　）

（3）$\left[\int f(x)\,dx\right]' = f(x)$. 　　　　　　（　　）

（4）若在区间 I 上有 $f(x) < g(x)$，则 $\int f(x)\,dx < \int g(x)\,dx$. 　　（　　）

（5）$\int 2^x\,dx = \dfrac{1}{x+1} 2^{x+1} + C$. 　　　　（　　）

（6）设 $F_1(x)$，$F_2(x)$ 是区间 I 内连续函数 $f(x)$ 的两个不同的原函数，且 $f(x) \neq 0$，则在区间 I 内必有 $F_1(x) - F_2(x) = C$（C 为常数）. 　　（　　）

3. 计算下列不定积分：

（1）$\displaystyle\int \frac{\sqrt[3]{x^2} + \sqrt{x}}{\sqrt{x}}\,dx$；　　　　　　　　（2）$\displaystyle\int \frac{1 + 3x^2}{x^2(1 + x^2)}\,dx$；

(3) $\int \dfrac{e^{2x} - 1}{e^x - 1} dx$;

(4) $\int \dfrac{2 \cdot 3^x - 5 \cdot 2^x}{3^x} dx$;

(5) $\int \csc x(\csc x - \cot x) dx$;

(6) $\int \dfrac{dx}{\sin^2 x \cos^2 x}$;

(7) $\int \cos \theta(\tan \theta + \sec \theta) d\theta$;

(8) $\int \dfrac{\cos 2x}{\cos x - \sin x} dx$;

(9) $\int \dfrac{1}{1 + \cos 2x} dx$;

(10) $\int \left(1 - \dfrac{1}{x^2}\right) \sqrt{x \sqrt{x}} \, dx$.

授课章节	第四章 不定积分 4.2 换元积分法(1)
目的要求	掌握第一类换元法：$\int f[\varphi(x)]\varphi'(x)\mathrm{d}x = \left[\int f(u)\mathrm{d}u\right]_{u=\varphi(x)}$
重点难点	利用第一类换元法求不定积分

主要内容：

一、第一类换元法

定理 4.2.1 设 $f(u)$ 具有原函数，$u=\varphi(x)$ 可导，则有换元公式

$$\int f[\varphi(x)]\varphi'(x)\mathrm{d}x = \left[\int f(u)\mathrm{d}u\right]_{u=\varphi(x)} \quad \text{第一类换元公式(凑微分法)}$$

说明： 使用此公式的关键在于将 $\int g(x)\mathrm{d}x$ 化为 $\int f[\varphi(x)]\varphi'(x)\mathrm{d}x$.

二、基本积分表

(1) $\int \tan x\mathrm{d}x = -\ln|\cos x| + C$；

(2) $\int \cot x\mathrm{d}x = \ln|\sin x| + C$；

(3) $\int \sec x\mathrm{d}x = \ln|\sec x + \tan x| + C$；

(4) $\int \csc x\mathrm{d}x = \ln|\csc x - \cot x| + C$；

(5) $\int \dfrac{1}{a^2 + x^2}\mathrm{d}x = \dfrac{1}{a}\arctan \dfrac{x}{a} + C$；

(6) $\int \dfrac{1}{x^2 - a^2}\mathrm{d}x = \dfrac{1}{2a}\ln\left|\dfrac{x-a}{x+a}\right| + C$；

(7) $\int \dfrac{1}{\sqrt{a^2 - x^2}}\mathrm{d}x = \arcsin \dfrac{x}{a} + C$.

本次课作业：

1. 填入适当的系数，使下列等式成立：

(1) $\sin \dfrac{2}{3}x\mathrm{d}x = \underline{\hspace{2cm}}\mathrm{d}\left(\cos \dfrac{2}{3}x\right)$；

(2) $\dfrac{1}{x}\mathrm{d}x = \underline{\hspace{2cm}}\mathrm{d}(3-5\ln x)$；

(3) $\dfrac{\mathrm{d}x}{1+9x^2} = \underline{\hspace{2cm}}\mathrm{d}(\arctan 3x)$；

(4) $\dfrac{x\mathrm{d}x}{\sqrt{1-x^2}} = \underline{\hspace{2cm}}\mathrm{d}(\sqrt{1-x^2})$.

2. 计算下列不定积分：

(1) $\int \dfrac{\cos\sqrt{x}}{\sqrt{x}}dx$；

(2) $\int \dfrac{x^2}{\sqrt{1-x^6}}dx$；

(3) $\int \cot^5 x \csc^2 x dx$；

(4) $\int \dfrac{1}{x}\ln^{\frac{3}{2}}x dx$.

3. 计算下列不定积分：

(1) $\int \dfrac{1}{\ln(\sin x)} \cdot \dfrac{\cos x}{\sin x}dx$；

(2) $\int \dfrac{(\arctan x)^2}{1+x^2}dx$；

$(3) \int \dfrac{\mathrm{d}x}{\mathrm{e}^x(1 + \mathrm{e}^x)}$;

本次课作业题 3(3) 解答

$(4) \int \tan^2(2x + 1)\mathrm{d}x$;

$(5) \int \cos^3 x\mathrm{d}x$;

$(6) \int \sin^2 x\mathrm{d}x$.

授课章节	第四章　不定积分　4.2　换元积分法(2)
目的要求	掌握第二类换元法：$\int f(x)\mathrm{d}x = \left[\int f[\psi(t)]\psi'(t)\mathrm{d}t\right]_{t=\psi^{-1}(x)}$
重点难点	利用第二类换元法求不定积分

主要内容：

一、第二类换元法

定理 4.2.2　设 $x=\psi(t)$ 是单调的、可导的函数，并且 $\psi'(t)\neq 0$，又设 $f[\psi(t)]\psi'(t)$ 具有原函数，则有换元公式

$$\int f(x)\mathrm{d}x = \left[\int f[\psi(t)]\psi'(t)\mathrm{d}t\right]_{t=\psi^{-1}(x)}$$

其中，$\psi^{-1}(x)$ 是 $x=\psi(t)$ 的反函数.

二、常用的变量代换

1. 三角代换

三角代换的目的是化掉根式.

一般规律如下：当被积函数中含有

(1) $\sqrt{a^2-x^2}$，可令 $x=a\sin t$ 或 $x=a\cos t$；

(2) $\sqrt{a^2+x^2}$，可令 $x=a\tan t$ 或 $x=a\cot t$；

(3) $\sqrt{x^2-a^2}$，可令 $x=a\sec t$ 或 $x=a\csc t$.

2. 倒代换

当分母的次数较高时，可采用倒代换 $x=\dfrac{1}{t}$.

基本积分公式：

(1) $\displaystyle\int \frac{1}{\sqrt{x^2+a^2}}\mathrm{d}x = \ln(x+\sqrt{x^2+a^2})+C$；

(2) $\displaystyle\int \frac{1}{\sqrt{x^2-a^2}}\mathrm{d}x = \ln\left|x+\sqrt{x^2-a^2}\right|+C$.

本次课作业：

计算下列不定积分：

(1) $\displaystyle\int \frac{\sqrt{x^2-1}}{x}\mathrm{d}x\,(x>1)$；

$(2)\int\sqrt{1-x^2}\,\mathrm{d}x;$

$(3)\int\dfrac{1}{\sqrt{x^2+1}}\mathrm{d}x;$

$(4)\int\dfrac{\mathrm{d}x}{\sqrt{5+4x-x^2}};$

$(5)\int\dfrac{1}{x^2\sqrt{x^2-1}}\mathrm{d}x.$

授课章节	第四章 不定积分 4.3 分部积分法
目的要求	掌握分部积分法
重点难点	合理选择 u, v', 正确使用分部积分公式 $\int uv'\mathrm{d}x = uv - \int u'v\mathrm{d}x$

主要内容:

一、分部积分公式

$$\int uv'\mathrm{d}x = uv - \int u'v\mathrm{d}x \ \text{或} \int u\mathrm{d}v = uv - \int v\mathrm{d}u$$

二、分部积分公式中 u、v 的选择

(1) 若被积函数是幂函数和正(余)弦函数的乘积, 考虑选幂函数为 u, 使其降幂一次;

(2) 若被积函数是幂函数和指数函数的乘积, 考虑选幂函数为 u;

(3) 若被积函数是幂函数和对数函数的乘积, 考虑选对数函数为 u;

(4) 若被积函数是幂函数反三角函数的乘积, 考虑选反三角函数为 u;

(5) 若被积函数是指数函数和三角函数的乘积, 为循环形式, 应注意第一次积分选择谁为 u, 则第二次积分仍选择谁为 u.

本次课作业:

1. 采用分部积分法求下列不定积分时, 选 $u = x^2$ 的是 _____, 选 $\mathrm{d}v = x^2\mathrm{d}x$ 的是 _____.

(1) $\int x^2\arctan x\mathrm{d}x$; (2) $\int x^2\sin x\mathrm{d}x$;

(3) $\int x^2\mathrm{e}^{-x}\mathrm{d}x$; (4) $\int x^2\ln(x+1)\mathrm{d}x$.

2. 计算下列不定积分:

(1) $\int x\ln x\mathrm{d}x$; (2) $\int \mathrm{e}^x\cos x\mathrm{d}x$;

（3）$\int x\sin x\mathrm{d}x$；

（4）$\int x\arctan x\mathrm{d}x$；

（5）$\int \arcsin x\mathrm{d}x$；

（6）$\int \ln x\mathrm{d}x$；

（7）$\int \dfrac{x\ln\left(x+\sqrt{1+x^2}\right)}{\sqrt{1+x^2}}\mathrm{d}x$；

（8）$\int \mathrm{e}^{\sqrt{2x}}\mathrm{d}x$.

授课章节	第四章　不定积分　4.4　有理函数的积分
目的要求	了解有理函数的积分、简单无理函数的积分；掌握三角函数有理式的积分
重点难点	有理函数的积分；将有理函数化为部分分式之和

主要内容：

一、有理函数的积分

有理函数的定义：两个多项式的商表示的函数.

$$\frac{P(x)}{Q(x)}=\frac{a_0x^n+a_1x^{n-1}+\cdots+a_{n-1}x+a_n}{b_0x^m+b_1x^{m-1}+\cdots+b_{m-1}x+b_m}$$

其中，m、n 都是非负整数；a_0，a_1，$\cdots$，a_n 及 b_0，b_1，$\cdots$，b_m 都是实数，并且 $a_0\neq0$，$b_0\neq0$.

假定分子与分母之间没有公因式：

（1）$n<m$，有理函数是真分式；

（2）$n\geqslant m$，有理函数是假分式.

利用多项式除法，假分式可以化成一个多项式和一个真分式之和.

例　$\dfrac{x^3+x+1}{x^2+1}=x+\dfrac{1}{x^2+1}$.

难点：将有理函数化为部分分式之和.

有理函数化为部分分式之和的一般规律：

（1）分母中若有因式 $(x-a)^k$，则分解后为

$$\frac{A_1}{(x-a)^k}+\frac{A_2}{(x-a)^{k-1}}+\cdots+\frac{A_k}{x-a}$$

（2）分母中若有因式 $(x^2+px+q)^k$，其中，$p^2-4q<0$，则分解后为

$$\frac{M_1x+N_1}{(x^2+px+q)^k}+\frac{M_2x+N_2}{(x^2+px+q)^{k-1}}+\cdots+\frac{M_kx+N_k}{x^2+px+q}$$

其中，M_i，N_i 都是常数 $(i=1,2,\cdots,k)$.

特殊地：$k=1$，分解后为 $\dfrac{Mx+N}{x^2+px+q}$；

真分式化为部分分式之和的待定系数法.

二、可化为有理函数的积分举例

1. 三角函数有理式的积分

三角有理式的定义：由三角函数和常数经过有限次四则运算构成的函数.

根据万能公式

$$\sin x==\frac{2\tan\dfrac{x}{2}}{1+\tan^2\dfrac{x}{2}},\quad \cos x=\frac{1-\tan^2\dfrac{x}{2}}{1+\tan^2\dfrac{x}{2}},\quad \tan x=\frac{2\tan\dfrac{x}{2}}{1-\tan^2\dfrac{x}{2}}$$

可作**万能代换**，令 $u=\tan\dfrac{x}{2}$，$x=2\arctan u$，则

$$\sin x=\frac{2u}{1+u^2},\quad \cos x=\frac{1-u^2}{1+u^2},\quad \tan x=\frac{2u}{1-u^2},\quad \mathrm{d}x=\frac{2}{1+u^2}\mathrm{d}u$$

2. 简单无理函数的积分

采用无理根式代换：令 $\sqrt[n]{ax+b}=t$ 或 $\sqrt[n]{\dfrac{ax+b}{cx+d}}=t$.

本次课作业：

1. 计算下列不定积分：

（1）$\displaystyle\int\frac{x-9}{x^2+3x-10}\mathrm{d}x$；　　　　　　　（2）$\displaystyle\int\frac{x+1}{x^2+x+1}\mathrm{d}x$.

2. 用适当方法计算下列不定积分：

（1）$\displaystyle\int\frac{\mathrm{d}x}{1+\sin x+\cos x}$；

(2) $\int \dfrac{1 - \cos x}{1 + \cos x} \mathrm{d}x.$

3. 计算下列不定积分：

(1) $\int \dfrac{1}{\sqrt{1 + x} + 1} \mathrm{d}x;$

(2) $\int \dfrac{\mathrm{e}^{2x}}{\sqrt{\mathrm{e}^x - 1}} \mathrm{d}x.$

授课章节	第四章 不定积分 习题课
目的要求	对各类积分方法的归纳总结
重点难点	换元法、分部积分法、有理函数积分、简单无理函数积分

主要内容:

自测题:

1. 填空题:

(1) $\int \left(1-\sin^2 \dfrac{x}{2}\right) dx =$ _____ ;

(2) 设 e^{-x} 是 $f(x)$ 的一个原函数,则 $\int x^2 f(\ln x) dx =$ _____ ;

(3) $\int f(x) dx = e^{-x^2} + C$,则 $f(x) =$ _____ ;

(4) $\int \dfrac{\ln(\ln x)}{x} dx =$ _____ ;

(5) $\int \dfrac{1}{1+\sqrt[3]{x}} dx =$ _____ .

2. 选择题:

(1) 设 $f(x^2-1)=\ln\dfrac{x^2}{x^2-2}$,且 $f[\varphi(x)]=\ln x$,则 $\int\varphi(x)\mathrm{d}x=($).

A. $-\dfrac{1}{x}+C$

B. $x+2\ln x+C$

C. $\dfrac{1}{x}+C$

D. $x+2\ln|x-1|+C$

(2) 若 $\int f'(x^3)\mathrm{d}x=x^3+C$,则 $f(x)=($).

A. $\dfrac{6}{5}x^{\frac{5}{3}}+C$

B. $\dfrac{9}{5}x^{\frac{5}{3}}+C$

C. x^3+C

D. $x+C$

3. 计算下列不定积分:

(1) $\displaystyle\int\dfrac{\tan x}{\sqrt{\cos x}}\mathrm{d}x$;

(2) $\displaystyle\int\sqrt{1+\sin x}\,\mathrm{d}x$;

(3) $\displaystyle\int\dfrac{\mathrm{d}x}{\sqrt{(x^2+1)^3}}$;

(4) $\displaystyle\int\dfrac{\mathrm{d}x}{(1+\mathrm{e}^x)^2}$;

(5) $\displaystyle\int\dfrac{\arctan\sqrt{x}}{\sqrt{x}\,(1+x)}\mathrm{d}x$;

(6) $\displaystyle\int\dfrac{x\arcsin x}{\sqrt{1-x^2}}\mathrm{d}x$;

(7) $\int \dfrac{1}{\cos^2 x \tan^3 x} \mathrm{d}x$;

(8) $\int \dfrac{2x}{1+\cos 2x} \mathrm{d}x$.

4. 计算下列不定积分：

(1) $\int \dfrac{\cos 2x}{1+\sin x \cos x} \mathrm{d}x$;

(2) $\int \dfrac{\sin x}{\sin x + \cos x} \mathrm{d}x$;

(3) $\int \dfrac{1}{\sin x \cdot \cos^2 x} \mathrm{d}x$;

(4) $\int \dfrac{\cos 2x}{\sin^2 x \cos^2 x} \mathrm{d}x$.

5. 利用以前学过的方法计算下列不定积分：

(1) $\int \dfrac{\ln \tan x}{\cos x \cdot \sin x} \mathrm{d}x$;

(2) $\int \dfrac{10^{2\arccos x}}{\sqrt{1-x^2}} \mathrm{d}x$;

(3) $\int \dfrac{x^2+1}{x^4+1}\mathrm{d}x$；

(4) $\int \dfrac{\mathrm{d}x}{\left(1-x^2\right)^{\frac{5}{2}}}$；

(5) $\int \left(x^3+2\right)^{\frac{1}{2}}x^2\mathrm{d}x$；

(6) $\int \dfrac{\mathrm{e}^x-1}{\mathrm{e}^x+1}\mathrm{d}x$；

(7) $\int \dfrac{\left(\sqrt{x}-1\right)^2}{\sqrt{x}}\mathrm{d}x$；

(8) $\int \dfrac{x^2\arctan x}{1+x^2}\mathrm{d}x$.

6. 设 $\dfrac{\cos x}{x}$ 为 $f(x)$ 的一个原函数，求 $\int xf'(x)\mathrm{d}x$.

授课章节	第五章　定积分　5.1　定积分的概念与性质
目的要求	掌握定积分的定义和性质；了解定积分的存在定理、几何意义
重点难点	定积分的性质；利用定义求定积分

主要内容：

一、定积分的定义

$$\int_a^b f(x)\,dx = I = \lim_{\lambda \to 0}\sum_{i=1}^{n} f(\xi_i)\Delta x_i$$

注意：积分值仅与被积函数及积分区间有关，而与积分变量的字母无关，即

$$\int_a^b f(x)\,dx = \int_a^b f(t)\,dt = \int_a^b f(u)\,du$$

二、存在定理

定理 5.1.1　当函数 $f(x)$ 在区间 $[a, b]$ 上连续时，$f(x)$ 在区间 $[a, b]$ 上可积.

定理 5.1.2　设函数 $f(x)$ 在区间 $[a, b]$ 上有界，且只有有限个间断点，则 $f(x)$ 在区间 $[a, b]$ 上可积.

三、定积分的几何意义

它是介于 x 轴、函数 $f(x)$ 的图形及两条直线 $x=a$，$x=b$ 之间的各部分面积的代数和. 在 x 轴上方的面积取正号；在 x 轴下方的面积取负号.

四、基本性质

规定：$\int_a^a f(x)\,dx = 0$；$\int_a^b f(x)\,dx = -\int_b^a f(x)\,dx$.

性质 1　$\int_a^b [f(x) \pm g(x)]\,dx = \int_a^b f(x)\,dx \pm \int_a^b g(x)\,dx$.

性质 2　$\int_a^b kf(x)\,dx = k\int_a^b f(x)\,dx$　（k 为常数）.

性质 3　假设 $a < c < b$，$\int_a^b f(x)\,dx = \int_a^c f(x)\,dx + \int_c^b f(x)\,dx$.

（定积分对于积分区间具有可加性）

性质 4　$\int_a^b 1 \cdot dx = \int_a^b dx = b - a$.

性质 5　如果在区间 $[a, b]$ 上 $f(x) \geq 0$，则 $\int_a^b f(x)\,dx \geq 0 (a < b)$.

性质 5 的推论：

(1) 如果在区间 $[a, b]$ 上 $f(x) \leq g(x)$，则 $\int_a^b f(x)\,dx \leq \int_a^b g(x)\,dx$.

(2) $\left|\int_a^b f(x)\,dx\right| \leq \int_a^b |f(x)|\,dx (a < b)$.

性质6 设 M 及 m 分别是函数 $f(x)$ 在区间 $[a, b]$ 上的最大值及最小值，则 $m(b-a) \leqslant \int_a^b f(x)\mathrm{d}x \leqslant M(b-a)$.（估值不等式）

性质7（定积分中值定理）

$$\int_a^b f(x)\mathrm{d}x = f(\xi)(b-a) \quad (a \leqslant \xi \leqslant b)（积分中值公式）$$

几何解释：在区间 $[a, b]$ 上至少存在一个点 ξ，使得以区间 $[a, b]$ 为底边，以曲线 $y = f(x)$ 为曲边的曲边梯形的面积等于同一底边而高为 $f(\xi)$ 的一个矩形的面积.

本次课作业：

1. 填空题(利用定积分的几何意义)：

(1) $\displaystyle\int_0^1 \sqrt{1-x^2}\,\mathrm{d}x = $ _____；

(2) $\displaystyle\int_0^1 2x\mathrm{d}x = $ _____；

(3) $\displaystyle\int_{-\pi}^{\pi} \sin x\mathrm{d}x = $ _____；

(4) $\displaystyle\int_{-\frac{\pi}{2}}^{\frac{\pi}{2}} \cos x\mathrm{d}x = $ _____ $\displaystyle\int_0^{\frac{\pi}{2}} \cos x\mathrm{d}x.$

2. 填空题(不用计算，试用定积分表示)：

曲线 $y = \cos x$，$x \in [0, \pi]$，$x = 0$，$x = \pi$ 及 x 轴所围成图形面积的积分计算表达式为

_____.

3. 选择题：

(1) 定积分 $\displaystyle\int_a^b f(x)\mathrm{d}x$ 是(   ).

A. $f(x)$ 的一个原函数　　　　　　　B. 任意常数

C. $f(x)$ 的全体原函数　　　　　　　D. 确定常数

(2) $\displaystyle\int_{\frac{1}{2}}^2 |\ln x|\mathrm{d}x = $(   ).

A. $\displaystyle\int_{\frac{1}{2}}^1 \ln x\mathrm{d}x + \int_1^2 \ln x\mathrm{d}x$　　　　　B. $-\displaystyle\int_{\frac{1}{2}}^1 \ln x\mathrm{d}x + \int_1^2 \ln x\mathrm{d}x$

C. $\displaystyle\int_{\frac{1}{2}}^1 \ln x\mathrm{d}x - \int_1^2 \ln x\mathrm{d}x$　　　　　D. $-\displaystyle\int_{\frac{1}{2}}^1 \ln x\mathrm{d}x - \int_1^2 \ln x\mathrm{d}x$

(3) $\displaystyle\int_1^2 x^2\mathrm{d}x$ 与 $\displaystyle\int_1^2 x^3\mathrm{d}x$ 相比有关系式(   ).

A. $\displaystyle\int_1^2 x^2\mathrm{d}x > \int_1^2 x^3\mathrm{d}x$　　　　　B. $\displaystyle\int_1^2 x^2\mathrm{d}x < \int_1^2 x^3\mathrm{d}x$

C. $\displaystyle\int_1^2 x^2\mathrm{d}x = \int_1^2 x^3\mathrm{d}x$　　　　　D. 两个积分值不能比较

(4) 函数在区间 $[-3, -1]$ 上连续且平均值为 6，则 $\displaystyle\int_{-3}^{-1} f(x)\mathrm{d}x = $(   ).

A. $\dfrac{1}{2}$ B. 2

C. 12   D. 18

4. 填空题(估计定积分的值)：

（1）设 $I = \displaystyle\int_1^4 (x^2 + 1)\mathrm{d}x$，则被积函数 $f(x) = x^2 + 1$ 在积分区间 $[1, 4]$ 上的最小值为_____，最大值为_____，由估值不等式知，_____ $\leqslant I \leqslant$ _____.

（2）设 $I = \displaystyle\int_1^0 \mathrm{e}^{x^2}\mathrm{d}x = $ _____ $\displaystyle\int_0^1 \mathrm{e}^{x^2}\mathrm{d}x$，则被积函数 $f(x) = \mathrm{e}^{x^2}$ 在积分区间 $[0, 1]$ 上的最小值为_____，最大值为_____，由估值不等式知，_____ $\leqslant I \leqslant$ _____.

授课章节	第五章　定积分　5.2　微积分的基本公式
目的要求	掌握积分上限函数及其导数；掌握积分上限函数的性质；掌握牛顿—莱布尼茨公式
重点难点	利用微积分基本公式求定积分；与积分上限函数有关的计算

主要内容：

一、积分上限函数及其导数

$\Phi(x) = \int_a^x f(t)\mathrm{d}t$ 为积分上限函数.

积分上限函数的性质：

定理 5.2.1　如果 $f(x)$ 在 $[a, b]$ 上连续，则积分上限的函数 $\Phi(x) = \int_a^x f(t)\mathrm{d}t$ 在 $[a, b]$ 上具有导数，且它的导数是 $\Phi'(x) = \dfrac{\mathrm{d}}{\mathrm{d}x}\int_a^x f(t)\mathrm{d}t = f(x)(a \leqslant x \leqslant b)$.

定理 5.2.2　(原函数存在定理)　如果 $f(x)$ 在 $[a, b]$ 上连续，则积分上限函数 $\Phi(x) = \int_a^x f(t)\mathrm{d}t$ 就是 $f(x)$ 在 $[a, b]$ 上的一个原函数.

定理的重要意义：

(1) 肯定了连续函数的原函数是存在的；

(2) 初步揭示了积分学中的定积分与原函数之间的联系.

二、牛顿—莱布尼茨公式

定理 5.2.3　(微积分基本公式)　如果 $F(x)$ 是连续函数 $f(x)$ 在区间 $[a, b]$ 上的一个原函数，则

$$\int_a^b f(x)\mathrm{d}x = F(b) - F(a) = \left[F(x)\right]_a^b \quad \text{牛顿—莱布尼茨公式}$$

注意：$\dfrac{\mathrm{d}}{\mathrm{d}x}\int_x^b f(t)\mathrm{d}t = -f(x)$

$\dfrac{\mathrm{d}}{\mathrm{d}x}\int_{\varphi(x)}^{\psi(x)} f(t)\mathrm{d}t = f[\psi(x)]\psi'(x) - f[\varphi(x)]\varphi'(x)$

本次课作业：

1. 填空题：

(1) 若 $f(x)$ 在 $[a, b]$ 上连续，x_0 为 (a, b) 内任一固定点，则 $\dfrac{\mathrm{d}}{\mathrm{d}x}\int_a^{x_0} f(t)\mathrm{d}t =$ _____.

(2) 设 $f(x) = \mathrm{e}^{-x^2}$，则 $f(x)$ 的一个原函数 $F(x) =$ _____.

(3) 设函数 $\Phi(x) = \int_0^x t\mathrm{e}^{-t}\mathrm{d}t$，则 $\Phi'(x) =$ _____，$\Phi(x)$ 的驻点为 _____，极值点为 _____，极值为 _____.

2. 计算下列导数：

（1）$\dfrac{\mathrm{d}}{\mathrm{d}x}\displaystyle\int_0^{x^2}\sqrt{1+t^2}\,\mathrm{d}t$；

（2）$\dfrac{\mathrm{d}}{\mathrm{d}x}\displaystyle\int_{x^2}^{x^3}\dfrac{\mathrm{d}t}{\sqrt{1+t^4}}$；

（3）$\dfrac{\mathrm{d}}{\mathrm{d}x}\displaystyle\int_{\sin x}^{\cos x}\cos(\pi t^2)\,\mathrm{d}t$；

（4）设 $y=y(x)$ 由方程 $\displaystyle\int_0^y \mathrm{e}^{t^2}\,\mathrm{d}t+\int_0^{x^2}\dfrac{\sin t}{\sqrt{t}}\,\mathrm{d}t=1$ 确定，求 $\dfrac{\mathrm{d}y}{\mathrm{d}x}$.

3. 求下列极限：

（1）$\displaystyle\lim_{x\to0}\dfrac{\displaystyle\int_{\cos x}^1 \mathrm{e}^{-t^2}\,\mathrm{d}t}{x^2}$；

（2）$\displaystyle\lim_{x\to0}\dfrac{\displaystyle\int_0^x \ln(\cos t)\,\mathrm{d}t}{x^3}$；

$$(3) \lim_{x \to 0} \frac{\int_0^x \cos t^2 \mathrm{d}t}{x};$$
$$(4) \lim_{x \to 0} \frac{\int_0^x \mathrm{e}^{t^2} \mathrm{d}t}{\int_0^x \mathrm{e}^{2t^2} \mathrm{d}t}.$$

4. 计算下列定积分：

$$(1) \int_1^4 \sqrt{x}(1 + \sqrt{x}) \mathrm{d}x;$$
$$(2) \int_0^{\sqrt{3}} \frac{\mathrm{d}x}{1 + x^2};$$

$$(3) \int_{-\mathrm{e}^{-1}}^{-2} \frac{\mathrm{d}x}{1 + x};$$
$$(4) \int_0^{2\pi} \sqrt{1 - \cos 2x} \, \mathrm{d}x;$$

$$(5) \int_{-\frac{\pi}{2}}^{1} f(x) \mathrm{d}x, \ \text{其中} f(x) = \begin{cases} \cos x, & x \in \left[-\dfrac{\pi}{2}, \ 0 \right), \\ \mathrm{e}^x, & x \in [0, \ 1]. \end{cases}$$

*5. 设 $f(x) = \begin{cases} \dfrac{1}{2}\sin x, & 0 \leqslant x \leqslant \pi, \\ 0, & x < 0 \ 或\ \pi < x, \end{cases}$ 求 $F(x) = \displaystyle\int_0^x f(t)\,\mathrm{d}t$ 在 $(-\infty, +\infty)$ 内的表达式.

（**提示**：需讨论 x 位于数轴上不同位置时的积分，注意积分的可加性，最终得到一个分段函数）

本次课作业题 5 解答

授课章节	第五章　定积分　5.3　定积分的换元法与分部积分法
目的要求	掌握换元积分法和分部积分法
重点难点	换元积分法和分部积分法

主要内容:

一、换元公式

定理　假设 $f(x)$ 在 $[a,b]$ 上连续,函数 $x=\varphi(t)$ 在 $[\alpha,\beta]$ 上是单调的且有连续导数,当 t 在区间 $[\alpha,\beta]$ 上变化时,$x=\varphi(t)$ 的值在 $[a,b]$ 上变化,且 $\varphi(\alpha)=a$,$\varphi(\beta)=b$,则有

$$\int_a^b f(x)\,\mathrm{d}x = \int_\alpha^\beta f[\varphi(t)]\varphi'(t)\,\mathrm{d}t$$

常用结论:

$$(1)\ \int_{-a}^a f(x)\,\mathrm{d}x = \begin{cases} 0, & f(-x)=-f(x), \\ 2\int_0^a f(x)\,\mathrm{d}x, & f(-x)=f(x); \end{cases}$$

$$(2)\ \int_0^{\frac{\pi}{2}} f(\sin x)\,\mathrm{d}x = \int_0^{\frac{\pi}{2}} f(\cos x)\,\mathrm{d}x;$$

$$(3)\ \int_0^\pi x f(\sin x)\,\mathrm{d}x = \frac{\pi}{2}\int_0^\pi f(\sin x)\,\mathrm{d}x.$$

二、分部积分公式

设函数 $u(x)$、$v(x)$ 在区间 $[a,b]$ 上具有连续导数,则有

$$\int_a^b u\,\mathrm{d}v = [uv]_a^b - \int_a^b v\,\mathrm{d}u\ (定积分的分部积分公式)$$

常用结论:

$$I_n = \int_0^{\frac{\pi}{2}} \sin^n x\,\mathrm{d}x = \int_0^{\frac{\pi}{2}} \cos^n x\,\mathrm{d}x$$

$$= \begin{cases} \dfrac{n-1}{n}\cdot\dfrac{n-3}{n-2}\cdot\cdots\cdot\dfrac{3}{4}\cdot\dfrac{1}{2}\cdot\dfrac{\pi}{2}, & n\ \text{为正偶数}, \\[2mm] \dfrac{n-1}{n}\cdot\dfrac{n-3}{n-2}\cdot\cdots\cdot\dfrac{4}{5}\cdot\dfrac{2}{3}, & n\ \text{为大于 1 的正奇数}. \end{cases}$$

本次课作业:

1. 填空题(应用定积分换元法的有关结论):

$$\int_0^\pi x\sin^3 x\,\mathrm{d}x = \underline{\qquad}\ \int_0^\pi \sin^3 x\,\mathrm{d}x = \underline{\qquad}\ \int_0^{\frac{\pi}{2}} \sin^3 x\,\mathrm{d}x = \underline{\qquad}.$$

2. 填空题(利用定积分的对称性定理):

$$(1)\ \int_{-\frac{\pi}{2}}^{\frac{\pi}{2}} 4\cos^4 x\,\mathrm{d}x = \underline{\qquad}.$$

（2）$\displaystyle\int_{-\frac{1}{2}}^{\frac{1}{2}} x^9 \sin x^2 \mathrm{d}x = $ _____ .

（3）$\displaystyle\int_{-\pi}^{\pi} x^4 \sin x \mathrm{d}x = $ _____ .

（4）$\displaystyle\int_{-5}^{5} \frac{x^3 \sin^2 x}{x^4 + 2x^2 + 1} \mathrm{d}x = $ _____ .

（5）设 $f(x)$ 在 $[-a, a]$ 上连续，$g(x) = f(x) - f(-x)$，则 $\displaystyle\int_{-a}^{a} g(x)\mathrm{d}x = $ _____ .

3. 计算下列定积分：

（1）$\displaystyle\int_{1}^{e^2} \frac{\mathrm{d}x}{x\sqrt{1 + \ln x}}$;

（2）$\displaystyle\int_{-\frac{\pi}{2}}^{\frac{\pi}{2}} \sqrt{\cos x - \cos^3 x}\,\mathrm{d}x$;

（3）$\displaystyle\int_{1}^{\sqrt{3}} \frac{\mathrm{d}x}{x^2 \sqrt{1 + x^2}}$;

（4）$\displaystyle\int_{\frac{1}{4}}^{\frac{1}{2}} \frac{1}{\sqrt{x(1 - x)}}\mathrm{d}x$;

（5）$\displaystyle\int_{\frac{3}{4}}^{1} \frac{\mathrm{d}x}{\sqrt{1 - x} - 1}$;

（6）$\displaystyle\int_{0}^{\frac{\pi}{2}} \sqrt{1 + \cos 2x}\,\mathrm{d}x$.

4. 设 $f(x)$ 在 $[a , b]$ 上连续,证明:$\int_a^b f(x)\mathrm{d}x = \int_a^b f(a + b - x)\mathrm{d}x$.

5. 证明:$\int_0^1 x^m (1 - x)^n \mathrm{d}x = \int_0^1 x^n (1 - x)^m \mathrm{d}x(m , n \in \mathbf{N})$.

6. 计算下列积分:

(1) $\int_1^2 \dfrac{1}{x^2} \mathrm{e}^{\frac{1}{x}} \mathrm{d}x$;

(2) $\int_1^e \ln x \mathrm{d}x$;

(3) $\int_0^{\pi^2} \cos\sqrt{x} \mathrm{d}x$;

(4) $\int_0^1 x\arctan x \mathrm{d}x$.

授课章节	第五章　定积分　习题课
目的要求	掌握定积分的概念、性质、计算
重点难点	定积分的概念、性质

主要内容：

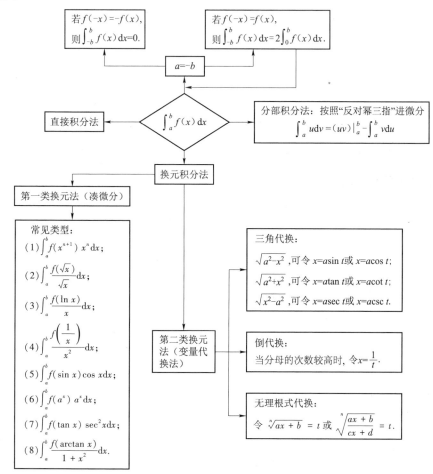

一、定义

$$\int_a^b f(x)\,\mathrm{d}x = I = \lim_{\lambda \to 0}\sum_{i=1}^n f(\xi_i)\Delta x_i = \int_a^b f(t)\,\mathrm{d}t = \int_a^b f(u)\,\mathrm{d}u$$

二、性质

$$\int_a^a f(x)\,\mathrm{d}x = 0,\quad \int_a^b f(x)\,\mathrm{d}x = -\int_b^a f(x)\,\mathrm{d}x$$

$$\int_a^b [f(x) \pm g(x)]\,\mathrm{d}x = \int_a^b f(x)\,\mathrm{d}x \pm \int_a^b g(x)\,\mathrm{d}x$$

$$\int_a^b kf(x)\,\mathrm{d}x = k\int_a^b f(x)\,\mathrm{d}x \quad (k \text{ 为常数})$$

$$\int_a^b f(x)\,\mathrm{d}x = \int_a^c f(x)\,\mathrm{d}x + \int_c^b f(x)\,\mathrm{d}x \text{（积分区间的可加性）}$$

$$\int_a^b 1 \cdot \mathrm{d}x = \int_a^b \mathrm{d}x = b - a$$

当 $x \in [a,b]$ 时，$f(x) \geqslant 0$，则 $\int_a^b f(x)\,\mathrm{d}x \geqslant 0$.

当 $x \in [a,b]$ 时，$f(x) \leqslant g(x)$，则 $\int_a^b f(x)\,\mathrm{d}x \leqslant \int_a^b g(x)\,\mathrm{d}x$.

$$\left| \int_a^b f(x)\,\mathrm{d}x \right| \leqslant \int_a^b |f(x)|\,\mathrm{d}x \quad (a < b)$$

$$m(b-a) \leqslant \int_a^b f(x)\,\mathrm{d}x \leqslant M(b-a) \quad \text{（估值不等式）}$$

$$\int_a^b f(x)\,\mathrm{d}x = f(\xi)(b-a) \quad (\exists \xi: a \leqslant \xi \leqslant b) \text{（积分中值公式）}$$

三、积分上限函数及导数

$$\Phi'(x) = \frac{\mathrm{d}}{\mathrm{d}x}\int_a^x f(t)\,\mathrm{d}t = f(x) \quad (a \leqslant x \leqslant b)$$

$$\frac{\mathrm{d}}{\mathrm{d}x}\int_x^b f(t)\,\mathrm{d}t = -f(x)$$

$$\frac{\mathrm{d}}{\mathrm{d}x}\int_{\varphi(x)}^{\psi(x)} f(t)\,\mathrm{d}t = f[\psi(x)]\psi'(x) - f[\varphi(x)]\varphi'(x)$$

四、换元公式

$$\int_a^b f(x)\,\mathrm{d}x \xrightarrow{x = \varphi(t)} \int_\alpha^\beta f[\varphi(t)]\varphi'(t)\,\mathrm{d}t$$

五、分部积分公式

$$\int_a^b u\,\mathrm{d}v = [uv]_a^b - \int_a^b v\,\mathrm{d}u$$

六、常用结论

(1) $\displaystyle\int_{-a}^a f(x)\,\mathrm{d}x = \begin{cases} 0, & f(-x) = -f(x), \\ 2\displaystyle\int_0^a f(x)\,\mathrm{d}x, & f(-x) = f(x); \end{cases}$

(2) $\displaystyle\int_0^{\frac{\pi}{2}} f(\sin x)\,\mathrm{d}x = \int_0^{\frac{\pi}{2}} f(\cos x)\,\mathrm{d}x$；$\quad(3)$ $\displaystyle\int_0^\pi x f(\sin x)\,\mathrm{d}x = \frac{\pi}{2}\int_0^\pi f(\sin x)\,\mathrm{d}x$；

(4) $I_n = \displaystyle\int_0^{\frac{\pi}{2}} \sin^n x\,\mathrm{d}x = \int_0^{\frac{\pi}{2}} \cos^n x\,\mathrm{d}x$

$$= \begin{cases} \dfrac{n-1}{n} \cdot \dfrac{n-3}{n-2} \cdot \cdots \cdot \dfrac{3}{4} \cdot \dfrac{1}{2} \cdot \dfrac{\pi}{2}, & n \text{ 为正偶数}, \\[2mm] \dfrac{n-1}{n} \cdot \dfrac{n-3}{n-2} \cdot \cdots \cdot \dfrac{4}{5} \cdot \dfrac{2}{3}, & n \text{ 为大于 1 的正奇数}. \end{cases}$$

自测题：

1. 填空题：

（1）$\int_0^\pi xf(\sin x)\,\mathrm{d}x =$ _____ $\int_0^\pi f(\sin x)\,\mathrm{d}x$；

（2）$\int_0^\pi f(\sin x)\,\mathrm{d}x =$ _____ $\int_0^{\frac{\pi}{2}} f(\sin x)\,\mathrm{d}x$；

（3）$\int_0^{\frac{\pi}{2}} \cos^7 x\,\mathrm{d}x =$ _____；

（4）$\int_0^{\frac{\pi}{2}} \sin^4 x\,\mathrm{d}x =$ _____；

（5）$\int_0^\pi \sin^4 t\cos^2 t\,\mathrm{d}t =$ _____；

（6）$\int_{-\frac{3}{4}\pi}^{\frac{3}{4}\pi} \arctan x\sqrt{1 + \cos 2x}\,\mathrm{d}x =$ _____．

2. 选择题：

（1）设 $y = \int_x^{x^2} \sin t\,\mathrm{d}t$，则 $y' = ($ ____ ）．

A. $\cos x^2 - \cos x$ 　　　　　　　 B. $2x\cos x^2 - \cos x$

C. $2x\sin x^2 - \sin x$ 　　　　　　 D. $2x\sin x^2 + \sin x$

（2）设 $y = \int_0^{x^2} \ln(1 + 2t)\,\mathrm{d}t$，则 $y' = ($ ____ ）．

A. $\ln(1 + 2x^2)$ 　　　　　　　　　 B. $2x\ln(1 + 2x)$

C. $2x\ln(1 + 2x^2)$ 　　　　　　　　 D. $\dfrac{2x}{1 + 2x^2}$

3. 计算下列定积分：

（1）$\int_{-2}^3 \mathrm{e}^{-|x|}\,\mathrm{d}x$；　　　　　　　　（2）$\int_0^1 \dfrac{2x + 3}{1 + x^2}\,\mathrm{d}x$；

(3) $\int_1^e x\ln x\,\mathrm{d}x$;

(4) $\int_0^{\frac{\pi}{2}} \dfrac{\sin x}{1+\cos x}\mathrm{d}x$;

(5) $\int_{-1}^1 (x+\sqrt{4-x^2})^2\mathrm{d}x$.

4. 设 $f(x)$ 在 $[0,a]$ 上连续, 且 $f(x)=f(a-x)$, 试利用换元法证明: $\int_0^a f(x)\,\mathrm{d}x = 2\int_0^{\frac{a}{2}} f(x)\,\mathrm{d}x$.

5. 求下列极限:

(1) $\lim\limits_{x\to 0} \dfrac{\displaystyle\int_0^{x^2}\sqrt{1+t^2}\,\mathrm{d}t}{x^2}$;

(2) $\lim\limits_{x \to 0} \dfrac{\int_0^x t f(t) \, \mathrm{d}t}{x^2}$ ，其中 $f(x)$ 连续，且 $f(0) = 0$.

6. 设 $f(x)$ 具有二阶连续导数，且 $f(0) = 2$，$f(2) = 3$，$f'(2) = 5$，计算 $I = \int_0^1 x f''(2x) \, \mathrm{d}x$.

7. 若函数 $f(x)$ 具有连续的导数，计算 $\dfrac{\mathrm{d}}{\mathrm{d}x} \int_0^x (x - t) f'(t) \, \mathrm{d}t$.

8. 设 $y = \int_0^x x^3 \cos(t - x) \, \mathrm{d}t$，求 $\dfrac{\mathrm{d}y}{\mathrm{d}x}$.

授课章节	第六章 定积分应用 6.1 定积分的元素法；6.2 定积分在几何学上的应用
目的要求	掌握求平面图形面积、立体体积、曲线弧长的方法
重点难点	元素法的理解及运用

主要内容：

一、平面图形面积

1. 直角坐标系下计算公式

$$A = \int_a^b f(x)\,\mathrm{d}x \text{ 或 } A = \int_a^b [f_2(x) - f_1(x)]\,\mathrm{d}x$$

2. 极坐标系下计算公式

$$A = \int_\alpha^\beta \frac{1}{2}[\varphi(\theta)]^2\mathrm{d}\theta$$

二、立体体积

1. 旋转体体积

（1）如果旋转体是由连续曲线 $y = f(x)$，直线 $x = a$，$x = b$ 及 x 轴所围成的曲边梯形绕 x 轴旋转一周而成的立体，则体积为 $V = \int_a^b \pi[f(x)]^2\mathrm{d}x$．

（2）如果旋转体是由连续曲线 $x = \varphi(y)$，直线 $y = c$，$y = d$ 及 y 轴所围成的曲边梯形绕 y 轴旋转一周而成的立体，则体积为 $V = \int_c^d \pi[\varphi(y)]^2\mathrm{d}y$．

（3）如果旋转体是由连续曲线 $y = f(x)$，直线 $x = a$，$x = b$ 及 x 轴所围成的曲边梯形绕 y 轴旋转一周而成的立体，则体积为 $V = 2\pi \int_a^b x\,|f(x)|\,\mathrm{d}x$．

2. 平行截面面积为已知的立体图形的体积

如果一个立体图形不是旋转体，但知道该立体图形上垂直于 x 轴的各个截面面积 $A(x)$，$A(x)$ 为 x 的已知连续函数，那么这个立体图形的体积也可用定积分来计算 $V = \int_a^b A(x)\,\mathrm{d}x$．

三、平面曲线弧长

1. 直角坐标情形

设曲线弧为 $y = f(x)(a \leqslant x \leqslant b)$，其中 $f(x)$ 在 $[a, b]$ 上有一阶连续导数，$\mathrm{d}s = \sqrt{(\mathrm{d}x)^2 + (\mathrm{d}y)^2} = \sqrt{1 + y'^2}\,\mathrm{d}x$，则曲线弧长 $s = \int_a^b \sqrt{1 + y'^2}\,\mathrm{d}x$．

2. 参数方程情形

曲线弧为 $\begin{cases} x = \varphi(t), \\ y = \psi(t), \end{cases}$ $(\alpha \leqslant t \leqslant \beta)$ 其中 $\varphi(t)$，$\psi(t)$ 在 $[\alpha, \beta]$ 上具有连续导数.

$$ds = \sqrt{(dx)^2 + (dy)^2}$$
$$= \sqrt{\left[\varphi'^2(t) + \psi'^2(t) \right](dt)^2}$$
$$= \sqrt{\varphi'^2(t) + \psi'^2(t)}\, dt$$

弧长

$$s = \int_\alpha^\beta \sqrt{\varphi'^2(t) + \psi'^2(t)}\, dt$$

3. 极坐标情形

曲线弧为 $\rho = \rho(\theta)(\alpha \leqslant \theta \leqslant \beta)$，其中 $\rho(\theta)$ 在 $[\alpha, \beta]$ 上具有连续导数.

因为

$$\begin{cases} x = \rho(\theta)\cos\theta, \\ y = \rho(\theta)\sin\theta, \end{cases} \quad (\alpha \leqslant \theta \leqslant \beta)$$

所以

$$ds = \sqrt{(dx)^2 + (dy)^2} = \sqrt{\rho^2(\theta) + \rho'^2(\theta)}\, d\theta$$

弧长

$$s = \int_\alpha^\beta \sqrt{\rho^2(\theta) + \rho'^2(\theta)}\, d\theta$$

本次课作业:

1. 选择题:

(1) 曲线 $y = 0$ 和 $y = \sin x$ 所围成的介于 $-\dfrac{\pi}{2}$ 和 $\dfrac{\pi}{2}$ 之间部分的图形面积为(　　　).

A. $\displaystyle\int_{-\frac{\pi}{2}}^{\frac{\pi}{2}} \sin x\, dx$ 　　　　　　　B. $\displaystyle\int_{0}^{\frac{\pi}{2}} \sin x\, dx$

C. $\displaystyle\int_{-\frac{\pi}{2}}^{\frac{\pi}{2}} |\sin x|\, dx$ 　　　　　　　D. $\left| \displaystyle\int_{-\frac{\pi}{2}}^{\frac{\pi}{2}} \sin x\, dx \right|$

(2) 曲线 $y = 0, y = x, x = 1$ 围成的图形绕 x 轴旋转一周所得的旋转体体积为(　　　).

A. $\pi \displaystyle\int_{0}^{1} x^2\, dx$ 　　　　　　　B. $\dfrac{\pi}{2} \displaystyle\int_{0}^{1} x^2\, dx$

C. $2\pi \displaystyle\int_{0}^{1} x^2\, dx$ 　　　　　　　D. $\displaystyle\int_{0}^{1} x^2\, dx$

(3) 曲线 $y = 2x$ 上相应于 $2 \leqslant x \leqslant 4$ 的一段弧的长度为(　　　).

A. $\displaystyle\int_{2}^{4} \sqrt{1 + 2^2}\, dx$ 　　　　　　　B. $\displaystyle\int_{1}^{2} \sqrt{1 + 2^2}\, dx$

C. $\displaystyle\int_{2}^{4} \sqrt{1 + 4x^2}\, dx$ 　　　　　　　D. $\displaystyle\int_{1}^{2} \sqrt{1 + 4x^2}\, dx$

2. 求曲线 $y = \sqrt{x}$ 与 $y = x$ 所围图形的面积.

3. 求曲线 $x = a\cos^3 t$, $y = a\sin^3 t$ 所围成图形的面积.

4. 求抛物线 $y^2 = 4x$ 及直线 $x = 1$ 所围成的图形绕 x 轴旋转所得旋转体的体积.

5. 计算底面是半径为 R 的圆,而垂直于底面上一条固定直径的所有截面都是等边三角形的立体体积.

6. 求曲线 $y = \dfrac{1}{2}(e^x + e^{-x})$ 上相应于 $0 \leqslant x \leqslant 1$ 的一段弧的长度.

7. 求曲线 $x = 2\cos t + 1$，$y = 2\sin t$ 上相应于 $0 \leqslant t \leqslant \pi$ 的一段弧的长度.

8. 求曲线 $\rho = 3\sin\theta$ 上相应于 $0 \leqslant \theta \leqslant \pi$ 的一段弧的长度.

9. 当 a 为何值时，抛物线 $y = x^2$ 与三直线 $x = a$，$x = a + 1$，$y = 0$ 所围成的图形面积最小.

授课章节	第六章　定积分应用　习题课
目的要求	复习巩固第六章内容
重点难点	解题技巧

主要内容：

一、平面图形的面积

1. 直角坐标系下面积计算公式

2. 极坐标系下面积计算公式

二、立体体积

1. 旋转体体积

2. 平行截面面积为已知的立体的体积

三、平面曲线弧长

1. 曲线以直角坐标形式给出，计算曲线弧长

2. 曲线以参数方程形式给出，计算曲线弧长

3. 曲线以极坐标形式给出，计算曲线弧长

自测题：

1. 选择题：

（1）摆线 $x=a(t-\sin t)$，$y=a(1-\cos t)$ 的一拱（$0\leqslant t\leqslant 2\pi$）与 x 轴所围图形的面积为（　　）.

A. $a^2\int_0^{2\pi}(1-\cos t)^2\mathrm{d}t$ 　　　　B. $a\int_0^{2\pi}(1-\cos t)^2\mathrm{d}t$

C. $a^2\int_0^{2\pi}(1+\cos t)^2\mathrm{d}t$ 　　　　D. $a\int_0^{2\pi}(1+\cos t)^2\mathrm{d}t$

（2）曲线 $y=0$，$y=x$，$x=1$ 围成的图形绕 y 轴旋转一周所得的旋转体体积为（　　）.

A. $\pi\int_0^1 x^2\mathrm{d}x$ 　　　　B. $\int_0^1 x^2\mathrm{d}x$

C. $2\pi\int_0^1 x^2\mathrm{d}x$ 　　　　D. $\int_0^1 x\mathrm{d}x$

2. 求曲线 $y=\dfrac{1}{x}$ 与 $y=x$ 及 $x=2$ 所围图形的面积.

3. 求曲线 L：$\begin{cases} y=\dfrac{5}{3}t^2+1 \\ x=t^3+1 \end{cases}$ 和 $x=0$，$x=1$，$y=0$ 所围成图形的面积.

4. 求由曲线 $y=x^2$，$y=\dfrac{1}{x}$ 及 $x=2$ 所围图形绕 x 轴旋转所成的旋转体的体积.

5. 一平面经过半径为 R 的圆柱体的底圆中心，并与底面成 α 角，计算该平面截圆柱体所得立体图形的体积.

6. 计算曲线 $y=\dfrac{\sqrt{x}}{3}(3-x)$ 上相应于 $1\leqslant x\leqslant 3$ 的一段弧的长度.

7. 求曲线 $\begin{cases} x = \dfrac{1}{3}t^3 - t \\ y = t^2 + 2 \end{cases}$ 上相应于 $0 \leqslant t \leqslant 3$ 的一段弧的长度.

8. 求心脏线 $\rho = a(1 + \cos \theta)$ 的全长 $(a > 0)$.

授课章节	第七章　微分方程　7.1　微分方程的基本概念；7.2　可分离变量的微分方程；7.3　齐次方程
目的要求	掌握可分离变量的微分方程、齐次方程的解法
重点难点	可分离变量的微分方程；齐次方程的解法

主要内容：

一、可分离变量的微分方程

方程类型：$g(y)\,\mathrm{d}y = f(x)\,\mathrm{d}x$.

解法：分离变量，两边积分 $\int g(y)\,\mathrm{d}y = \int f(x)\,\mathrm{d}x$.

二、齐次方程

方程类型：$\dfrac{\mathrm{d}y}{\mathrm{d}x} = \varphi\left(\dfrac{y}{x}\right)$.

解法：作变量代换 $u = \dfrac{y}{x}$，即 $y = xu$，两边对 x 求导，得

$$\frac{\mathrm{d}y}{\mathrm{d}x} = u + x\frac{\mathrm{d}u}{\mathrm{d}x}$$

代入原方程，得

$$u + x\frac{\mathrm{d}u}{\mathrm{d}x} = \varphi(u)$$

即

$$\frac{\mathrm{d}u}{\mathrm{d}x} = \frac{\varphi(u) - u}{x}$$

从而转化为可分离变量的微分方程求解问题，按可分离变量的微分方程求解方法求出通解，再用 $\dfrac{y}{x}$ 代替变量 u，即得齐次方程的通解.

本次课作业：

1. 填空题：

（1）已知曲线在点 (x, y) 处的切线斜率等于该点横坐标的平方，则曲线所满足的微分方程为＿＿＿＿＿＿＿＿＿．

（2）曲线上任一点 (x, y) 处的切线斜率等于该点横坐标的倒数，且曲线过点 $(1, 2)$，则此曲线的方程为＿＿＿＿＿＿＿＿＿＿＿＿．

2. 验证所给二元函数为对应的微分方程的解：

（1）$y'' + y = 0$，$y = 3\sin x - 4\cos x$；

（2）$x^2 y'' - 2y = x$，$y = x^2 - \dfrac{x}{2}$.

3. 填空题：

（1）一曲线过点$(0，1)$，它在任意一点处切线的斜率等于该点纵坐标的二倍，则此曲线方程为 _____；

（2）曲线上任一点处的切线斜率恒为该点的横坐标与纵坐标之比，则此曲线的方程为 _____.

4. 求下列微分方程的通解：

（1）$\dfrac{\mathrm{d}y}{\mathrm{d}x} = 1 - x + y^2 - xy^2$；

（2）$xy' - y \ln y = 0$；

（3）$\sqrt{1-x^2}\, y' = \sqrt{1-y^2}$；

（4）$\cos x \sin y \mathrm{d}x + \sin x \cos y \mathrm{d}y = 0$.

5. 求下列微分方程满足所给初始条件的特解：

（1）$\dfrac{\mathrm{d}y}{\mathrm{d}x}=3\sqrt[3]{y^2}$，$y\big|_{x=2}=0$；
（2）$y'=\mathrm{e}^{2x-y}$，$y\big|_{x=0}=0$.

6. 求下列齐次方程的通解：

（1）$xy'-y=x\tan\dfrac{y}{x}$；
（2）$x\mathrm{d}y=(y+\sqrt{x^2-y^2})\mathrm{d}x$.

授课章节	第七章 微分方程 7.4 一阶线性微分方程
目的要求	熟练掌握一阶线性微分方程的解法
重点难点	一阶线性微分方程；常数变易法

主要内容：

一阶线性微分方程：

方程类型：$\dfrac{\mathrm{d}y}{\mathrm{d}x}+P(x)y=Q(x)$.

通解：$y=\mathrm{e}^{-\int P(x)\mathrm{d}x}\left[\int Q(x)\mathrm{e}^{\int P(x)\mathrm{d}x}\mathrm{d}x+C\right]$.

注意：正确找出 $P(x)$，$Q(x)$，并正确利用公式求解.

本次课作业：

1. 一曲线过原点，并且它在点 (x,y) 处的切线斜率等于 $2x+y$，求此曲线的方程.

2. 求下列微分方程的通解：

（1） $y'+y\cos x=\mathrm{e}^{-\sin x}$；

（2） $(x^2-1)y'+2xy-\cos x=0$；

（3） $x\mathrm{d}y=(y+x^3\mathrm{e}^x)\mathrm{d}x$；

（4） $y'+y\cot x=5\mathrm{e}^{\cos x}$.

3. 求下列微分方程满足所给初值条件的特解：

（1）$\dfrac{\mathrm{d}y}{\mathrm{d}x}+y\cot x=\dfrac{1}{\sin x}$，$y\big|_{x=\frac{\pi}{2}}=0$；

（2）$y'-\dfrac{1}{x}y=x$，$y\big|_{x=1}=1$.

授课章节	第七章　微分方程　7.5　可降阶的高阶微分方程
目的要求	会求可降阶的高阶微分方程
重点难点	三类可降阶的高阶微分方程解法

主要内容：

一、方程类型(1)

$y^{(n)}=f(x)$ 型微分方程.

解法：两边 n 次积分，化为 n 个一阶微分方程求解.

二、方程类型(2)

$y''=f(x,y')$ 型微分方程，方程不显含未知函数 y.

解法：设 $y'=p$，则 $y''=\dfrac{\mathrm{d}p}{\mathrm{d}x}$，代入原方程得 $\dfrac{\mathrm{d}p}{\mathrm{d}x}=f(x,p)$，得到关于变量 x,p 的一阶微分方程，设其通解为 $p=\varphi(x,C_1)$.

又因为 $p=\dfrac{\mathrm{d}y}{\mathrm{d}x}$，所以得到一阶微分方程 $\dfrac{\mathrm{d}y}{\mathrm{d}x}=\varphi(x,C_1)$，再次对它进行积分，得到原方程通解 $y=\int\varphi(x,C_1)\mathrm{d}x+C_2$.

三、方程类型(3)

$y''=f(y,y')$ 型微分方程，方程不显含自变量 x.

解法：设 $y'=p$，则由复合函数求导法则知，$y''=\dfrac{\mathrm{d}p}{\mathrm{d}y}\cdot\dfrac{\mathrm{d}y}{\mathrm{d}x}=p\dfrac{\mathrm{d}p}{\mathrm{d}y}$，原方程成为 $p\dfrac{\mathrm{d}p}{\mathrm{d}y}=f(y,p)$，得到关于变量 y,p 的一阶微分方程，设其通解为 $y'=p=\varphi(y,C_1)$，分离变量并积分，便得到原方程通解为 $\displaystyle\int\dfrac{\mathrm{d}y}{\varphi(y,C_1)}=x+C_2$.

本次课作业：

求下列各微分方程的通解：

(1) $\mathrm{e}^{2x}y'''=1$；

（2）$xy'' - y' = 0$；

（3）$xy'' = y' + x^2 e^x$；

（4）$y'y'' = (y')^3 \tan y$.

授课章节	第七章　微分方程　习题课(1)
目的要求	理解微分方程解、通解、初始条件和特解等概念
重点难点	熟练掌握可分离变量方程、齐次方程及一阶线性方程的解法

主要内容:

一阶微分方程及可降阶的微分方程的求解方法:

(1) 一阶微分方程有三种类型:可分离变量的微分方程 $g(y)\mathrm{d}y=f(x)\mathrm{d}x$;齐次方程 $\dfrac{\mathrm{d}y}{\mathrm{d}x}=f\left(\dfrac{y}{x}\right)$;一阶线性微分方程 $\dfrac{\mathrm{d}y}{\mathrm{d}x}+P(x)y=Q(x)$.重点是会判别方程的类型,并熟练掌握各类方程的具体解法.

(2) 三种可降阶的高阶方程 $y^{(n)}=f(x)$,$y''=f(x,y')$,$y''=f(y,y')$ 是可以降阶为一阶微分方程求解的微分方程.

自测题1:

1. 将下列所给方程的类型及求解方法用线连接起来:

(1) $y'=xy\mathrm{e}^{x^2}\ln y$　　　　　　A. 一阶线性非齐次微分方程;常数变易法或公式法

(2) $(x+y)\mathrm{d}y-\mathrm{d}x=0$　　　　　B. 可分离变量的微分方程;分离变量

(3) $x\mathrm{d}y=(2y+3x^4+x^2)\mathrm{d}x$　　C. 以变量 x 为函数的一阶线性非齐次微分方程;常数变易法或公式法

(4) $\left(x\dfrac{\mathrm{d}y}{\mathrm{d}x}-y\right)\arctan\dfrac{y}{x}=x$　　D. 齐次微分方程;令 $u=\dfrac{y}{x}$

2. 求解下列微分方程的通解:

(1) $\mathrm{d}x+(x\cos y-\cos y)\mathrm{d}y=0$;

（2）$x^2 y' = xy - y^2$.

3. 求解下列微分方程的通解：

（1）$y' + y'' = xy''$；

（2）$(1 + y^2) y'' = 2yy'^2$.

授课章节	第七章 微分方程 7.6 高阶线性微分方程
目的要求	了解二阶微分方程解的结构
重点难点	二阶微分方程解的结构； 二阶微分方程解的结构的应用

主要内容：

一、二阶齐次线性微分方程

$$\frac{\mathrm{d}^2 y}{\mathrm{d}x^2} + P(x)\frac{\mathrm{d}y}{\mathrm{d}x} + Q(x)y = 0 \qquad ①$$

二、二阶非齐次线性微分方程

$$\frac{\mathrm{d}^2 y}{\mathrm{d}x^2} + P(x)\frac{\mathrm{d}y}{\mathrm{d}x} + Q(x)y = f(x) \qquad ②$$

三、相关结论

(1) 如果函数 $y_1(x)$，$y_2(x)$ 是齐次方程①的两个解，则 $y = C_1 y_1(x) + C_2 y_2(x)$（$C_1$，$C_2$ 是任意常数）也是齐次方程①的解.

(2) 如果函数 $y_1(x)$，$y_2(x)$ 是齐次方程①的两个线性无关的特解，则 $y = C_1 y_1(x) + C_2 y_2(x)$（$C_1$，$C_2$ 是任意常数）是齐次方程①的通解.

(3) 如果函数 $y^*(x)$ 是非齐次方程②的一个特解，$Y(x)$ 是对应的齐次方程①的通解，则 $y = Y(x) + y^*(x)$ 是非齐次方程②的通解.

(4) 叠加原理.

设 $y_1^*(x)$，$y_2^*(x)$ 分别是方程

$$\frac{\mathrm{d}^2 y}{\mathrm{d}x^2} + P(x)\frac{\mathrm{d}y}{\mathrm{d}x} + Q(x)y = f_1(x)$$

$$\frac{\mathrm{d}^2 y}{\mathrm{d}x^2} + P(x)\frac{\mathrm{d}y}{\mathrm{d}x} + Q(x)y = f_2(x)$$

的两个特解，则 $y_1^*(x) + y_2^*(x)$ 是方程

$$\frac{\mathrm{d}^2 y}{\mathrm{d}x^2} + P(x)\frac{\mathrm{d}y}{\mathrm{d}x} + Q(x)y = f_1(x) + f_2(x)$$

的特解.

本次课作业：

1. 选择题：

函数 $y = C - \sin x$（其中 C 是任意常数）是微分方程 $\frac{\mathrm{d}^2 y}{\mathrm{d}x^2} = \sin x$ 的（　　）.

A. 通解　　　　　　　　　　　　B. 特解

C. 解，但既非通解也非特解　　　　D. 不是解

2. 填空题：

（1）已知 x，$x\ln x$ 是微分方程 $y''-\dfrac{1}{x}y'+\dfrac{1}{x^2}y=0$ 的解，则此微分方程的通解为_____

_____；

（2）已知方程 $y''-\left(2-\dfrac{1}{x}\right)y'+\left(1-\dfrac{1}{x}\right)y=0$ 的两个特解分别为 $y_1=e^x$ 和 $y_2=e^x\ln|x|$，则此微分方程的通解为_____；

（3）已知方程 $y''-4xy'+(4x^2-2)y=0$ 的两个特解分别为 $y_1=e^{x^2}$ 和 $y_2=xe^{x^2}$，则此微分方程满足初始条件 $y(0)=0$，$y'(0)=2$ 的特解为_____；

（4）已知一个二阶齐次线性微分方程的两个特解为 $y_1(x)$ 和 $y_2(x)$，且 $\dfrac{y_1(x)}{y_2(x)}\neq$ 常数，又知其对应的非齐次方程的一个特解是 $y^*(x)$，则此非齐次方程的通解为_____；

（5）已知微分方程 $(x^2-2x)y''-(x^2-2)y'+(2x-2)y=6x-6$，若 $y_1=3$，$y_2=3+x^2$，$y_3=3+x^2+e^x$ 都是它的解，则此方程的通解为_____.

授课章节	第七章 微分方程 7.7 常系数齐次线性微分方程
目的要求	熟练掌握二阶常系数齐次线性微分方程解法
重点难点	二阶常系数齐次线性微分方程解法; 特征方程法证明

主要内容:

二阶常系数齐次线性微分方程:

方程形式: $\dfrac{\mathrm{d}^2y}{\mathrm{d}x^2}+p\dfrac{\mathrm{d}y}{\mathrm{d}x}+qy=0$(其中 p,q 是常数).

解法:代数方法——特征方程法.

特征方程为 $r^2+pr+q=0$,根据特征方程的根,可以写出其对应的微分方程的通解.

特征方程 $r^2+pr+q=0$ 的根为 r_1,r_2	微分方程 $\dfrac{\mathrm{d}^2y}{\mathrm{d}x^2}+p\dfrac{\mathrm{d}y}{\mathrm{d}x}+qy=0$ 通解形式
两个不相等的实根 r_1,r_2	$y=C_1\mathrm{e}^{r_1x}+C_2\mathrm{e}^{r_2x}$
两个相等的实根 $r_1=r_2$	$y=(C_1+C_2x)\mathrm{e}^{r_1x}$
一对共轭复根 $r_{1,2}=\alpha\pm\mathrm{i}\beta$	$y=\mathrm{e}^{\alpha x}(C_1\cos\beta x+C_2\sin\beta x)$

本次课作业:

1. 填空题:

(1) 若方程 $y''+py'+qy=0$(p,q 均为实常数)有特解,$y_1=\mathrm{e}^{-x}$,$y_2=\mathrm{e}^{3x}$,则 $p=$ _____,$q=$ _____;

(2) 以 $y=C_1+C_2x$(其中 C_1,C_2 为独立的任意常数)为通解的二阶常系数齐次线性微分方程为 _____;

(3) 以 $y=C_1\mathrm{e}^x+C_2\mathrm{e}^{2x}$(其中 C_1,C_2 为独立的任意常数)为通解的二阶常系数齐次线性微分方程为 _____.

2. 求下列微分方程的通解:

(1) $y''+2y'+y=0$;   (2) $y''-4y'=0$;

（3）$y''-3y'+2y=0$；　　　　　　　　（4）$3y''-4y'+2y=0$.

3. 求下列微分方程满足所给初始条件的特解：

（1）$4y''+4y'+y=0$，　　$y\big|_{x=0}=2$，　　$y'\big|_{x=0}=0$；

（2）$y''-3y'-4y=0$，　　$y\big|_{x=0}=0$，　　$y'\big|_{x=0}=-5$.

授课章节	第七章 微分方程 7.8 常系数非齐次线性微分方程
目的要求	熟练掌握二阶常系数非齐次线性微分方程解法
重点难点	二阶常系数非齐次线性微分方程特解设定及解法

主要内容：

二阶常系数非齐次线性微分方程：

方程形式：$\dfrac{d^2 y}{dx^2}+p\dfrac{dy}{dx}+qy=f(x)$（其中 p，q 是常数）.

特解形式：

1. $f(x)=e^{\lambda x}P_m(x)$ 型的特解形式

对应齐次方程的特征方程 $r^2+pr+q=0$	特解形式
λ 不是特征方程的根	$y^*=R_m(x)e^{\lambda x}$
λ 是特征方程的单根	$y^*=xR_m(x)e^{\lambda x}$
λ 是特征方程的重根	$y^*=x^2 R_m(x)e^{\lambda x}$

其中，$R_m(x)$ 和 $P_m(x)$ 是同次（m 次）多项式.

2. $f(x)=e^{\lambda x}[P_l(x)\cos \omega x+Q_n(x)\sin \omega x]$ 型的特解形式

对应齐次方程的特征方程 $r^2+pr+q=0$	特解形式
$\lambda+i\omega$ 或 $\lambda-i\omega$ 不是特征方程的根	$y^*=e^{\lambda x}[R_m^{(1)}(x)\cos \omega x+R_m^{(2)}(x)\sin \omega x]$
$\lambda+i\omega$ 或 $\lambda-i\omega$ 是特征方程的单根	$y^*=xe^{\lambda x}\lfloor R_m^{(1)}(x)\cos \omega x+R_m^{(2)}(x)\sin \omega x\rfloor$

其中，$R_m^{(1)}(x)$，$R_m^{(2)}(x)$ 是 m 次多项式，且 $m=\max\{n,\ l\}$.

本次课作业：

1. 求解下列各题：

（1）求微分方程 $y''-5y'+4y=2$ 的特解形式 y^*；

（2）求微分方程 $y''-2y'=\mathrm{e}^{2x}$ 的特解形式 y^*；

（3）求微分方程 $y''+2y'+y=2x\mathrm{e}^{-x}$ 的特解形式 y^*；

（4）求微分方程 $y''+y=x\cos 2x$ 的特解形式 y^*；

（5）求微分方程 $y''+2y'+2y=\mathrm{e}^{-x}\sin x$ 的特解形式 y^*.

2. 求下列微分方程的通解：

（1）$y''-3y'+2y=5$；

（2）$y''+y=\cos 2x$.

授课章节	第七章　微分方程　习题课(2)
目的要求	了解二阶线性微分方程解的结构； 熟练掌握二阶常系数齐次与非齐次线性微分方程的解法； 微分方程在几何上的应用
重点难点	二阶常系数齐次与非齐次线性微分方程的解法； 自由项型如 $P_n(x)e^{\lambda x}$，$e^{\lambda x}[P_n(x)\cos \omega x+P_l(x)\sin \omega x]$ 的设定方法； 二阶常系数非齐次线性微分方程的特解设定

主要内容：

二阶常系数线性微分方程的求解方法：

（1）二阶常系数齐次线性微分方程 $\dfrac{d^2 y}{dx^2}+p\dfrac{dy}{dx}+qy=0$ 的通解的求法，属于代数解法. 可根据特征方程根的情况，写出对应形式的通解.

（2）二阶常系数非齐次线性微分方程 $\dfrac{d^2 y}{dx^2}+p\dfrac{dy}{dx}+qy=f(x)$，要求重点掌握 $f(x)=P_n(x)e^{\lambda x}$ 和 $f(x)=e^{\lambda x}[P_n(x)\cos \omega x+P_l(x)\sin \omega x]$ 的二阶常系数非齐次线性微分方程的特解形式的设定方法及通解的求法.

自测题 2：

1. 解答下列各题：

（1）已知 $y''+py'+qy=0$ 的两个特解 $y_1=e^x\sin x$，$y_2=e^x\cos x$，求相应的微分方程.

（2）微分方程 $y''+y=0$ 的一条积分曲线在点 $\left(\dfrac{\pi}{4},\ \sqrt{2}\right)$ 处有水平切线，求此积分曲线.

2. 设函数 $y(x)$ 连续，且满足 $y(x)=\mathrm{e}^x+\displaystyle\int_0^x ty(t)\,\mathrm{d}t-x\int_0^x y(t)\,\mathrm{d}t$，求 $y(x)$.

自测题 2 题 5 解答

模 拟 试 卷

参 考 答 案

第一章

1.2

1. B.

2. (1) 收敛, 0; (2) 收敛, 2; (3) 收敛, 1; (4) 发散; (5) 收敛, 0; (6) 发散.

1.3   1.4

1. $f(0^-) = 1$; $f(0^+) = 0$; $f(1^-) = 1$; $f(1^+) = 1$. $\lim\limits_{x \to 0} f(x)$ 不存在, $\lim\limits_{x \to 1} f(x)$ 存在且等于1.

2. (1) 对; (2) 对; (3) 对; (4) 错; (5) 对; (6) 对; (7) 对; (8) 错.

3. C、E 是无穷小, A、B 是无穷大, D、F 既非无穷小也非无穷大.

4. $x \to 0^+$ 时, $f(x)$ 是无穷大; $x \to 0^-$ 时, $f(x)$ 是无穷小. 故当 $x \to 0$ 时, 极限不存在.

1.5

1. (1) $\dfrac{1}{5}$; (2) $\left(\dfrac{2}{3}\right)^{10}$.　　　　　　2. (1) 2; (2) 2.

3. (1) -1; (2) $\dfrac{1}{2}$; (3) 0; (4) $\dfrac{1}{16}$; (5) 0; (6) $\dfrac{1}{2}$.

1.6

1. (1) $\dfrac{1}{8}$; (2) 3; (3) x; (4) 2.　　　2. (1) e^2; (2) e^2; (3) e; (4) e^{-3}.

3. (1) 提示: 利用夹逼准则.

　　(2) 提示: 利用单调有界数列必有极限, 极限为2.

1.7

1. (1) C; (2) B; (3) D; (4) A.　　　2. D.

3. (1) $\dfrac{1}{2}$; (2) 2; (3) $\dfrac{3}{5}$; (4) -2.

1.8 1.9

1. (1) -1, 1, 一; (2) 2.

2. C.

3. (1) $x=1$ 为第一类可去间断点，令 $f(1)=-2$; $x=2$ 是第二类无穷间断点.

    (2) $x=1$ 是第一类间断点，且为跳跃间断点.

    (3) $x=0$ 为第二类间断点，且为振荡间断点.

4. 不连续，令 $f(0)=-2$，则 $f(x)$ 在 $x=0$ 连续.

5. (1)任意实数，1; (2)0.

6. (1) 1; (2) 2; (3) $\ln 2$; (4) e^3; (5) 2.

1.10

1. 提示：构造辅助函数 $F(x)=x^5-3x-1$.   2. 提示：构造辅助函数 $F(x)=x-2\sin x-3$.

自测题

1. (1) $(-2, 3]$; (2) $\sin x(\sin x-2)$; (3)1, e; (4)-1; (5)$\dfrac{2}{3}$.

2. (1) D; (2) B; (3) B.   3. (1) e; (2)$\dfrac{9}{2}$; (3)$\dfrac{e}{2}$; (4)$\dfrac{3}{2}$.

4. $\dfrac{1}{2}$.   5. $a=1$; $b=-1$.   6. $f(0^-)=1$, $f(0^+)=2$, $\lim\limits_{x\to 0}f(x)$ 不存在.

7. $x=0$ 为跳跃间断点; $x=1$ 为第二类无穷型间断点.   8. 1.

9. 提示：构造辅助函数 $F(x)=f(x)-g(x)$.

10. 提示：利用单调有界数列必有极限，极限为 3.

第二章

2.1

1. (1) $-f'(x_0)$;   (2) $f'(0)$;   (3) $f'(x_0)$;   (4) $2f'(x_0)$;   (5) $5f'(x_0)$.

2. -648.   3. 在 $x=0$ 处不可导.

4. 切线方程为 $y=4x-4$; 法线方程为 $y=-\dfrac{1}{4}x+\dfrac{9}{2}$.   5. $a=1$, $b=0$.

6. $f'(x)=\begin{cases}\cos x, & x<0, \\ 1, & x\geqslant 0.\end{cases}$

2. 2

1. (1) $y' = 3\sin(4-3x)$; (2) $y' = -\dfrac{x}{\sqrt{a^2-x^2}}$;

(3) $\dfrac{2x\cos 2x-\sin 2x}{x^2}$.

2. A.

3. (1) $y' = 2\sec^2 x+\sec x\tan x$; (2) $y' = 15x^2-2^x\ln 2+3\mathrm{e}^x$;

(3) $y' = \dfrac{2}{x^3}-\dfrac{4\ln x}{x^3}+1$; (4) $y' = 3(\mathrm{e}^x\cos x-\mathrm{e}^x\sin x) = 3\mathrm{e}^x(\cos x-\sin x)$.

4. (1) $\dfrac{3}{25}$; (2) $\left(1+\dfrac{\pi}{2}\right)\dfrac{\sqrt{2}}{4}$.

5. 切点为 $(1,0)$, $(-1,0)$; 切线方程为 $y = 2(x-1)$ 和 $y = 2(x+1)$;

法线方程为 $y = -\dfrac{1}{2}(x-1)$ 和 $y = -\dfrac{1}{2}(x+1)$.

6. (1) $\csc x$; (2) $-\dfrac{1}{2}\mathrm{e}^{-\frac{x}{2}}\cos 3x-3\mathrm{e}^{-\frac{x}{2}}\sin 3x$;

(3) $\sec x$; (4) $\dfrac{x}{(1-x^2)^{\frac{3}{2}}}$;

(5) $\dfrac{\mathrm{e}^x}{1+\mathrm{e}^{2x}}$; (6) $\dfrac{1}{\ln(\ln x)}\cdot\dfrac{1}{\ln x}\cdot\dfrac{1}{x}$;

(7) $2^{\sin^2 x}\cdot\ln 2\cdot\sin 2x$.

7. $-\dfrac{1-y^2}{y}$.

8. (1) $\sin 2x[f'(\sin^2 x)-f'(\cos^2 x)]$;

(2) $y'(x) = \mathrm{e}^x\cdot\ln[f(\sqrt{1+x^2})]+\mathrm{e}^x\dfrac{f'(\sqrt{1+x^2})}{f(\sqrt{1+x^2})}\cdot\dfrac{x}{\sqrt{1+x^2}}$.

9. (1) $\dfrac{1+2\sqrt{x}}{4\sqrt{x}\sqrt{x+\sqrt{x}}}$; (2) $\dfrac{1}{x^2}\cdot\tan\dfrac{1}{x}$;

(3) $\dfrac{2x\mathrm{e}^{x^2}+3}{\mathrm{e}^{x^2}+3x+1}$; (4) $\arcsin\dfrac{x}{2}$.

2. 3

1. (1) $a^n\cos\left(ax+n\cdot\dfrac{\pi}{2}\right)$; (2) $a^x(\ln a)^n$;

(3) $\dfrac{(-1)^{n-1}(n-1)!}{(1+x)^n}$.

2. （1）$2^n \sin\left(2x + n \cdot \dfrac{\pi}{2}\right)$；   （2）$(-1)^n \dfrac{n!}{(1+x)^{n+1}}$；

   （3）$2^2 3^3 6! = 77\,760$.

3. $3^{19} e^{3x}(3x^3 + 60x^2 + 380x + 760)$.

2.4

1. （1）$\dfrac{e^{x+y} - y}{x - e^{x+y}}$；   （2）$\dfrac{1 - y\cos(xy) + \dfrac{1}{y-x}}{x\cos(xy) + \dfrac{1}{y-x}}$；

   （3）$\dfrac{y^2 - xy\ln y}{x^2 - xy\ln x}$. 提示：等式两边取对数后再求导.

2. 切线方程为 $y + 1 = \dfrac{1}{4}(x-1)$；法线方程为 $y + 1 = -4(x-1)$.

3. $\dfrac{4\sin y}{(\cos y - 2)^3}$.   4. $\dfrac{1}{e^2}$.

5. （1）$(\ln x)^x \left[\ln(\ln x) + \dfrac{1}{\ln x}\right]$；

   （2）$\dfrac{1}{2}\sqrt{\dfrac{x(x-1)^2}{(x^2+1)^3}}\left(\dfrac{1}{x} + \dfrac{2}{x-1} - \dfrac{6x}{x^2+1}\right)$.

6. （1）$\dfrac{x+y}{x-y}$；   （2）$\dfrac{1}{(1+t)(e^t - 2)}$.

7. （1）$-\dfrac{3t^2 + 1}{4t^3}$；   （2）$\dfrac{1+t^2}{4t}$；   （3）$\dfrac{1}{f''(t)}$.

8. 切线方程为 $2\sqrt{2}x + y - 2 = 0$；法线方程为 $\sqrt{2}x - 4y - 1 = 0$.

2.5

1. （1）$2x + C$；   （2）$\sin t + C$；

   （3）$\ln(1+x) + C$；   （4）$\dfrac{1}{3}e^{3x} + C$；

   （5）$\dfrac{1}{3}\tan 3x + C$.

2. B.   3. （1）$\dfrac{\pi^2}{16}\mathrm{d}x$；   （2）$-e\mathrm{d}x$.

4. （1）$-\sin(2^x) \cdot 2^x \cdot \ln 2\,\mathrm{d}x$；   （2）$e^{-x}[\sin(3-x) - \cos(3-x)]\mathrm{d}x$.

5. $\dfrac{-2\sin 2x - \dfrac{y}{x} - ye^{xy}}{xe^{xy} + \ln x}$.

自测题

1. (1) $2\tan(1+2x^2) \cdot \sec^2(1+2x^2)$; (2) $\cos\sqrt{\cos x} \cdot \dfrac{1}{2\sqrt{\cos x}}$.

2. 切线方程为 $y+2=-\dfrac{1}{3}(x+1)$; 法线方程为 $y+2=3(x+1)$.

3. (1) $\sin x\ln\tan x$; (2) $3^x\ln 3+3x^2+e^x\sin x+e^x\cos x$.

4. $y'(0)=1$, $y''(0)=0$.   5. $\dfrac{y-e^{x+y}}{e^{x+y}-x}$.

6. $\dfrac{1}{t}$; $-\dfrac{1+t^2}{t^3}$.   7. $f'(x)=\begin{cases} -\cos x, & x\geqslant 0 \\ -e^{-x}, & x<0 \end{cases}$.

8. $f'(x)=\begin{cases} \dfrac{1}{1+x}, & x>0, \\ e^{\sin x}\cdot\cos x, & x<0. \end{cases}$ 9. $f(a)-af'(a)$.

第三章

3.1

1. $f(x)$ 在 $(-1, 1)$ 内可导.   2. D.   3. 提示: 设 $F(x)=xf(x)$, 利用罗尔定理.

4. 提示: 设 $F(x)=a_0x^n+a_1x^{n-1}+\cdots+a_{n-1}x$, 利用罗尔定理.

5. 提示: 证明 $(\arcsin x+\arccos x)'=0$.

6. 提示: 设 $f(x)=\tan x$, 利用拉格朗日中值定理.

7. 提示: 设 $f(x)=\ln x$, 利用拉格朗日中值定理.

3.2

1. 3;   2. $-\dfrac{1}{2}$;   3. 0;   4. -1;   5. 0;

6. $\dfrac{9}{2}$;   7. e^{-1};   8. e^2;   9. $e^{\frac{1}{3}}$;   10. 0.

3.3

1. $\sin 2x=2x-\dfrac{4}{3}x^3+o(x^3)$.   2. $-\dfrac{1}{12}$.

3.4

1. (1) $(-\infty, +\infty)$, 减少;   (2) $(-\infty, 1]\cup[2, +\infty)$, $[1, 2]$;

(3) $(-\infty, +\infty)$；   (4) $(-\infty, -1]$，$[-1, +\infty)$，$(-1, 28)$.

2. (1) 提示：作辅助函数 $f(x) = 1 + \dfrac{1}{2}x - \sqrt{1+x}$ $(x > 0)$；

(2) 提示：作辅助函数 $f(x) = 1 + x\ln(x + \sqrt{1+x^2}) - \sqrt{1+x^2}$ $(x > 0)$；

(3) 提示：作辅助函数 $f(x) = \sin x - x + \dfrac{x^2}{2}$ $\left(0 < x < \dfrac{\pi}{2}\right)$.

3. (1) 提示：作函数 $f(t) = t^n$ $(t > 0, n > 1)$；

(2) 提示：作函数 $f(t) = t\ln t$ $(t > 0)$.

3.5

1. (1) 驻点，导数不存在的点.   (2) 不存在，极小值 $f(1) = 0$.   (3) 6，2.

2. (1) C.   (2) B.   (3) B.

3. (1) 极大值 $f(-1) = 5$，极小值 $f(3) = -27$；

(2) 极大值为 0，极小值为 $-\dfrac{3}{5}\left(\dfrac{2}{5}\right)^{\frac{2}{3}}$.

4. (1) 提示：作辅助函数 $f(x) = x\ln x - x$ $(x > 0)$，求其最值点及最值.

(2) 提示：作辅助函数 $f(x) = xe^{1-x}$ $(x \in (-\infty, +\infty))$，求其最值点及最值.

5. 高为 $\dfrac{20\sqrt{3}}{3}$ cm 时漏斗体积最大.

自测题

1. (1) $\dfrac{5 \pm \sqrt{13}}{12}$；   (2) 80，$-5$；   (3) $a = -\dfrac{3}{2}$，$b = \dfrac{9}{2}$.

2. (1) A.   (2) B.   (3) C.

3. 提示：构造辅助函数 $F(x) = \dfrac{f(x)}{x^2+1}$，利用罗尔定理证明.

4. 提示：法一：构造辅助函数 $F(x) = xf(x)$，利用拉格朗日中值定理证明.

法二：构造辅助函数 $F(x) = xf(x)$，$H(x) = x$，利用柯西中值定理证明.

法三：令 $k = \dfrac{bf(b) - af(a)}{b-a}$，构造辅助函数 $F(x) = xf(x) - kx$，利用罗尔定理证明.

5. (1) $\dfrac{1}{4}$；   (2) 3；   (3) $e^{-\frac{1}{2}}$；   (4) 1；   (5) e；   (6) $\dfrac{1}{2}$.

6. 提示：作辅助函数 $f(x) = \dfrac{x}{\sqrt{1+x}} - \ln(1+x)$ $(x > 0)$.

7. $r = \sqrt[3]{\dfrac{V}{2\pi}}$，$h = 2r = \sqrt[3]{\dfrac{4V}{\pi}}$.

第四章

4.1

1. (1) $2xe^{2x}(1+x)$;　　　　　　(2) $x-\dfrac{1}{3}x^3+C$;

(3) $\dfrac{2}{x^3}$;　　　　　　(4) $\left(\dfrac{1}{2},\ 2\right)$, $y=2x^2+\dfrac{3}{2}$;

(5) $\varphi'(x)+C$.

2. (1) ×;　　(2) ×;　　(3) √;　　(4) ×;　　(5) ×;　　(6) √.

3. (1) $\dfrac{6}{7}x^{\frac{7}{6}}+x+C$;　　　　(2) $-\dfrac{1}{x}+2\arctan x+C$;

(3) e^x+x+C;　　　　(4) $2x-5\cdot\dfrac{\left(\dfrac{2}{3}\right)^x}{\ln\dfrac{2}{3}}+C$;

(5) $-\cot x+\csc x+C$;　　　　(6) $\tan x-\cot x+C$ 或 $-2\cot 2x+C$;

(7) $-\cos\theta+\theta+C$;　　　　(8) $\sin x-\cos x+C$;

(9) $\dfrac{1}{2}\tan x+C$;　　　　(10) $\dfrac{4}{7}x^{\frac{7}{4}}+4x^{-\frac{1}{4}}+C$.

4.2 (1)

1. (1) $-\dfrac{3}{2}$;　　(2) $-\dfrac{1}{5}$;　　(3) $\dfrac{1}{3}$;　　(4) -1.

2. (1) $2\sin\sqrt{x}+C$;　　　　(2) $\dfrac{1}{3}\arcsin x^3+C$;

(3) $-\dfrac{1}{6}\cot^6 x+C$;　　　　(4) $\dfrac{2}{5}(\ln x)^{\frac{5}{2}}+C$.

3. (1) $\ln|\ln(\sin x)|+C$;　　　　(2) $\dfrac{1}{3}(\arctan x)^3+C$;

(3) $-e^{-x}-x+\ln(1+e^x)+C$;　　(4) $-x+\dfrac{1}{2}\tan(2x+1)+C$;

(5) $\sin x-\dfrac{1}{3}\sin^3 x+C$;　　(6) $\dfrac{1}{2}x-\dfrac{1}{4}\sin 2x+C$.

4.2 (2)

(1) $\sqrt{x^2-1}-\arccos\dfrac{1}{x}+C$;　　(2) $\dfrac{1}{2}\arcsin x+\dfrac{1}{2}x\sqrt{1-x^2}+C$;

(3) $\ln\left(\sqrt{x^2+1}+x\right)+C$;　　　　(4) $\arcsin\dfrac{x-2}{3}+C$;　　　(5) $\dfrac{\sqrt{x^2-1}}{x}+C$.

4. 3

1. (2)，(3)；(1)，(4).

2. (1) $\dfrac{x^2}{2}\ln x-\dfrac{1}{4}x^2+C$;　　　　(2) $\dfrac{1}{2}e^x(\sin x+\cos x)+C$;

 (3) $-x\cos x+\sin x+C$;　　　　(4) $\dfrac{1}{2}(x^2\arctan x-x+\arctan x)+C$;

 (5) $x\arcsin x+\sqrt{1-x^2}+C$;　　　　(6) $x\ln x-x+C$;

 (7) $\sqrt{1+x^2}\ln\left(x+\sqrt{1+x^2}\right)-x+C$;　(8) $(\sqrt{2x}-1)e^{\sqrt{2x}}+C$.

4. 4

1. (1) $-\ln|x-2|+2\ln|x+5|+C$;

 (2) $\dfrac{1}{2}\ln(x^2+x+1)+\dfrac{\sqrt{3}}{3}\arctan\dfrac{2x+1}{\sqrt{3}}+C$

2. (1) $\ln\left|1+\tan\dfrac{x}{2}\right|+C$;　　　　(2) $2\tan\dfrac{x}{2}-x+C$.

3. (1) $2\sqrt{1+x}-2\ln(\sqrt{1+x}+1)+C$;　(2) $\dfrac{2}{3}(e^x-1)^{\frac{3}{2}}+2\sqrt{e^x-1}+C$.

自测题

1. (1) $\dfrac{1}{2}(x+\sin x)+C$;　　　　(2) $-\dfrac{1}{2}x^2+C$;　　　　(3) $-2xe^{-x^2}$;

 (4) $\ln x\ln(\ln x)-\ln x+C$;　　　　(5) $\dfrac{3}{2}x^{\frac{2}{3}}-3x^{\frac{1}{3}}+3\ln\left|\sqrt[3]{x}+1\right|+C$.

2. (1) D;　　　　(2) B.

3. (1) $\dfrac{2}{\sqrt{\cos x}}+C$;　　　　(2) $2\left(\sin\dfrac{x}{2}-\cos\dfrac{x}{2}\right)+C$ 或$-2\sqrt{1-\sin x}+C$;

 (3) $\dfrac{x}{\sqrt{1+x^2}}+C$(提示：令 $x=\tan t$);

 (4) $x-\ln(1+e^x)+\dfrac{1}{1+e^x}+C$;

 (5) $\left(\arctan\sqrt{x}\right)^2+C$;　　　　(6) $-\sqrt{1-x^2}\arcsin x+x+C$;

 (7) $-\dfrac{1}{2\tan^2 x}+C$ 或$-\dfrac{1}{2\sin^2 x}+C$;　(8) $x\tan x+\ln|\cos x|+C$ 或$x\tan x-\ln|\sec x|+C$.

4. （1）$\ln|2+\sin 2x|+C$ 或 $\ln|1+\sin x\cos x|+C$；

（2）$\dfrac{1}{2}(x-\ln|\sin x+\cos x|)+C$；

（3）$\dfrac{1}{\cos x}+\ln|\csc x-\cot x|+C$；

（4）$-\cot x-\tan x+C$ 或 $2\ln|\sin x|+C$ 或 $-2\csc 2x+C$.

5. （1）$\dfrac{1}{2}(\ln\tan x)^2+C$；　　　　（2）$-\dfrac{1}{2\ln 10}10^{2\arccos x}+C$；

（3）提示：原式 $=\displaystyle\int\frac{1+\dfrac{1}{x^2}}{x^2+\dfrac{1}{x^2}}dx=\int\frac{d\left(x-\dfrac{1}{x}\right)}{\left(x-\dfrac{1}{x}\right)^2+2}=\frac{1}{\sqrt{2}}\arctan\left[\frac{1}{\sqrt{2}}\left(x-\frac{1}{x}\right)\right]+C$；

（4）$\dfrac{x}{\sqrt{1-x^2}}+\dfrac{1}{3}\dfrac{x^3}{(1-x^2)^{\frac{3}{2}}}+C$；　　（5）$\dfrac{2}{9}(x^3+2)^{\frac{3}{2}}+C$；

（6）$-x+2\ln(e^x+1)+C$；　　　　（7）$\dfrac{2}{3}x^{\frac{3}{2}}-2x+2\sqrt{x}+C$；

（8）$x\arctan x-\dfrac{1}{2}\ln(1+x^2)-\dfrac{1}{2}(\arctan x)^2+C$.

6. $-\sin x-\dfrac{2\cos x}{x}+C$.

第五章

5.1

1. （1）$\dfrac{\pi}{4}$；　　　　　　（2）1；　　　　（3）0；　　　　　（4）2.

2. $\displaystyle\int_0^\pi|\cos x|dx$（或 $2\displaystyle\int_0^{\frac{\pi}{2}}\cos x dx$，或 $\displaystyle\int_0^{\frac{\pi}{2}}\cos x dx-\int_{\frac{\pi}{2}}^\pi\cos x dx$）.

3. （1）D；　　　　　（2）B；　　　　（3）B；　　　　（4）C.

4. （1）2，17，6，51；　　　　　　（2）-1，e，$-$e，-1.

5.2

1. （1）0；　　　　　（2）$\displaystyle\int_0^x e^{-t^2}dt$；　　（3）$xe^{-x}$，$x=0$，$(0,0)$，0.

2. （1）$2x\sqrt{1+x^4}$；　　　　　　（2）$\dfrac{3x^2}{\sqrt{1+x^{12}}}-\dfrac{2x}{\sqrt{1+x^8}}$；

(3) $\cos(\pi\cos^2 x)\cdot(-\sin x)-\cos(\pi\sin^2 x)\cdot\cos x=(\sin x-\cos x)\cos(\pi\sin^2 x)$;

(4) $\pm 2e^{-y^2}\sin x^2$.

3. (1) $\dfrac{1}{2e}$;　　　　　(2) $-\dfrac{1}{6}$;　　　(3) 1;　　　　(4) 1.

4. (1) $\dfrac{73}{6}$;　　　　　(2) $\dfrac{\pi}{3}$;　　　(3) -1;　　　(4) $4\sqrt{2}$;　　　　(5) e.

*5. $F(x)=\begin{cases}0, & x<0,\\[2mm] \dfrac{1}{2}(1-\cos x), & 0\leqslant x\leqslant\pi,\\[2mm] 1, & x>\pi.\end{cases}$

5.3

1. $\dfrac{\pi}{2}$, π , $\dfrac{2\pi}{3}$.

2. (1) $\dfrac{3\pi}{2}$;　　　　　(2) 0;　　　(3) 0;　　　(4) 0;　　　(5) 0.

3. (1) $2\sqrt{3}-2$;　　(2) $\dfrac{4}{3}$;　　(3) $\sqrt{2}-\dfrac{2\sqrt{3}}{3}$;　　　　(4) $\dfrac{\pi}{6}$;

(5) $1-2\ln 2$;　　　　　(6) $\sqrt{2}$.

4. 提示：令 $a+b-x=t$, $dx=-dt$.　　5. 提示：令 $1-x=t$, $dx=-dt$.

6. (1) $e-e^{\frac{1}{2}}$;　　　(2) 1;　　　(3) -4;　　　(4) $\dfrac{\pi}{4}-\dfrac{1}{2}$.

自测题

1. (1) $\dfrac{\pi}{2}$;　　　　　(2) 2;　　　(3) $\left(\dfrac{6}{7}\cdot\dfrac{4}{5}\cdot\dfrac{2}{3}\cdot 1=\right)\dfrac{16}{35}$;

(4) $\left(\dfrac{3}{4}\cdot\dfrac{1}{2}\cdot\dfrac{\pi}{2}=\right)\dfrac{3\pi}{16}$;　　　　(5) $\dfrac{\pi}{16}$;　　　　　(6) 0.

2. (1) C;　　　(2) C.

3. (1) $2-\dfrac{1}{e^2}-\dfrac{1}{e^3}$;　　(2) $\ln 2+\dfrac{3\pi}{4}$;　　(3) $\dfrac{1}{4}(e^2+1)$;　　　(4) $\ln 2$;　　(5) 8.

4. 提示：$\displaystyle\int_0^a f(x)dx=\int_0^{\frac{a}{2}}f(x)dx+\int_{\frac{a}{2}}^a f(x)dx$，再对 $\displaystyle\int_{\frac{a}{2}}^a f(x)dx$ 作变量替换 $x=a-t$.

5. (1) 1;　　　　　(2) 0.　　　6. $\dfrac{9}{4}$.　　　　7. $f(x)-f(0)$.

8. $3x^2\sin x+x^3\cos x$.

第六章

6.1 6.2

1. (1) C；   (2) A；   (3) A.

2. $\dfrac{1}{6}$.   3. $\dfrac{3}{8}\pi a^2$.   4. 2π.   5. $\dfrac{4}{3}\sqrt{3}R^3$.

6. $\dfrac{1}{2}(e-e^{-1})$.   7. 2π.   8. 3π.   9. $a=-\dfrac{1}{2}$.

自测题

1. (1) A；   (2) C.   2. $\dfrac{3}{2}-\ln 2$.   3. 2.   4. $\dfrac{57}{10}\pi$.

5. $\dfrac{2}{3}R^3\tan\alpha$ 6. $2\sqrt{3}-\dfrac{4}{3}$.   7. 12.   8. $8a$.

第七章

7.1 7.2 7.3

1. (1) $y'=x^2$；   (2) $y=\ln|x|+2$.

2. (1) 略；   (2) 略.

3. (1) $y=e^{2x}$；   (2) $y^2=x^2+C$.

4. (1) $\arctan y=x-\dfrac{x^2}{2}+C$；   (2) $y=e^{Cx}$；

   (3) $\arcsin y=\arcsin x+C$；   (4) $\sin x\sin y=C$.

5. (1) $y^{\frac{1}{3}}=x-2$；   (2) $e^y=\dfrac{1}{2}e^{2x}+\dfrac{1}{2}$.

6. (1) $y=x\arcsin Cx$；   (2) $\arcsin\dfrac{y}{x}=\ln|x|+C$.

7.4

1. $y=2(e^x-x-1)$.

2. (1) $y=(x+C)e^{-\sin x}$；   (2) $y=\dfrac{\sin x+C}{x^2-1}$；

   (3) $y=x[e^x(x-1)+C]$；   (4) $y=\dfrac{1}{\sin x}(-5e^{\cos x}+C)$.

3. (1) $y = \dfrac{1}{\sin x}\left(x - \dfrac{\pi}{2}\right)$;　　　　　　　　(2) $y = x^2$.

7.5

(1) $y = -\dfrac{1}{8}e^{-2x} + C_1 x^2 + C_2 x + C_3$;　　　　　　(2) $y = C_1 x^2 + C_2$;

(3) $y = xe^x - e^x + C_1 x^2 + C_2$;　　　　　　(4) $\sin y = C_1 x + C_2$.

自测题 1

1. (1) B;　　　　(2) C;　　　(3) A;　　　(4) D.

2. (1) $x = e^{-\int \cos y \mathrm{d}y}\left[\int \cos y\, e^{\int \cos y \mathrm{d}y} \mathrm{d}y + C\right] = 1 + Ce^{-\sin y}$;

   (2) $x = Ce^{\frac{x}{y}}$.

3. (1) $y = C_1(x-1)^2 + C_2$;　　　　　　(2) $\arctan y = C_1 x + C_2$.

7.6

1. C.

2. (1) $y = C_1 x + C_2 x \ln x$;　　　　　　(2) $y = e^x(C_1 + C_2 \ln |x|)$;

   (3) $y = 2xe^{x^2}$;　　　　　　(4) $y = C_1 y_1(x) + C_2 y_2(x) + y^*(x)$;

   (5) $y = C_1 e^x + C_2 x^2 + 3$.

7.7

1. (1) $-2,\ -3$;　　(2) $y'' = 0$;　　(3) $y'' - 3y' + 2y = 0$.

2. (1) $y = (C_1 + C_2 x)e^{-x}$;　　　　　(2) $y = C_1 + C_2 e^{4x}$;　　　　(3) $y = C_1 e^x + C_2 e^{2x}$;

   (4) $y = \left(C_1 \cos \dfrac{\sqrt{2}}{3}x + C_2 \sin \dfrac{\sqrt{2}}{3}x\right)e^{\frac{2}{3}x}$.

3. (1) $y = (2+x)e^{-\frac{1}{2}x}$;　　　　　　(2) $y = e^{-x} - e^{4x}$.

7.8

1. (1) A;　　　　　(2) Axe^{2x};　　　(3) $(Ax+B)x^2 e^{-x}$;

   (4) $(Ax+B)\cos 2x + (Cx+D)\sin 2x$;　　　　　(5) $xe^{-x}(A\cos x + B\sin x)$.

2. (1) $y = C_1 e^x + C_2 e^{2x} + \dfrac{5}{2}$;　　　　　(2) $y = C_1 \cos x + C_2 \sin x - \dfrac{1}{3}\cos 2x$.

自测题 2

1. (1) $y'' - 2y' + 2y = 0$;　　　　　　(2) $y = \cos x + \sin x$.

2. $y(x) = \dfrac{1}{2}(\cos x + \sin x + e^x)$.